国家出版基金项目
NATIONAL PUBLICATION FOUNDATION

陕西出版资金资助项目

No.8

顾问 史根东 刘德天 李兵弟 臧英年

美丽地球·少年环保科普丛书

地球新生的希冀

叶榄 孙君 主编

编者 丁娟 人与 马向于 王晨琛 龙海铮 刘振 阮俊华 杨建南 张涓 陆宏 陈飞 陈开碇 陈耀庭 尚耀庭 封宁 郭耕 崔志如 崔晟

即刻行动起来，保护我们人类共同的家园……

陕西出版传媒集团
陕西科学技术出版社

图书在版编目（CIP）数据

地球新生的希冀 / 叶榄，孙君主编．—西安：陕西科学技术
出版社，2014.1（2022.3 重印）
（美丽地球·少年环保科普丛书）
ISBN 978-7-5369-6028-2

Ⅰ．①地…　Ⅱ．①叶…　②孙…　Ⅲ．①全球环境－环境
保护－少年读物　Ⅳ．① X21-49

中国版本图书馆 CIP 数据核字（2013）第 277419 号

地球新生的希冀

叶　榄　孙　君　主编

出 版 人	张会庆
策　划	朱壮涌
责任编辑	李　栋

出 版 者　陕西新华出版传媒集团　　　陕西科学技术出版社
　　　　　西安市曲江新区登高路 1388 号陕西新华出版传媒产业大厦 B 座
　　　　　电话（029）81205187　传真（029）81205155 邮编 710061
　　　　　http://www.snstp.com

发 行 者　陕西新华出版传媒集团　　　陕西科学技术出版社
　　　　　电话（029）81205180 81206809

印　　刷　三河市嵩川印刷有限公司
规　　格　720mm×1000mm　　16 开本
印　　张　9
字　　数　118 千字
版　　次　2014 年 1 月第 1 版
　　　　　2022 年 3 月第 3 次印刷
书　　号　ISBN 978-7-5369-6028-2
定　　价　32.00 元

序 言

地球是我们共同的母亲

没有她

就不会有我们人类

我们经常向她无止境地索取

已经让她伤痕累累

如果

我们再不行动起来

保护我们赖以生存的地球

那么

地球就会抛弃我们

我们就会像恐龙一样灭绝

环保专家的肺腑之言

叶　榄 中国环保最高奖"地球奖"获得者，中华慈善奖获得者，中国十大杰出青年志愿者，中国十大当代徐霞客，"墨子绿色与和平奖"、"林则徐禁烟奖"发起人。

人与自然的和谐是绿色，人与人的和谐是和平！

孙　君 中国三农人物，中华慈善奖获得者，生态画家，北京"绿十字"发起人，绿色中国年度人物，"英雄梦 新县梦"规划设计公益行总指挥。

外修生态，内修人文，传承优秀农耕文明。

阮俊华 中国环保最高奖"地球奖"获得者，中国十大民间环保优秀人物，浙江大学管理学院党委副书记。

保护环境是每个人的责任与义务！让更多人一起来环保！

封　宁 中国环境保护特别贡献奖获得者，"绿色联合"创始人，中国再生纸倡导第一人。

保护森林，保护绿色，保护地球。

史根东 联合国教科文组织中国可持续发展教育项目执行主任，教育家。

持续发展、循环使用，是人类文明延续的根本。

杨建南 中国环保建议第一人。

注重于环境的改变，努力把一切不可能改变为可能。

聆听环保天使的心声

王晨琛 "绿色旅游与无烟中国行"发起人,清华大学教师,被评为"全国青年培训师二十强"。

自地球拥有人类,环保就应该开始并无终止。

张 涓 中国第一环保歌手,中华全国青年联合会委员,全国保护母亲河行动形象大使。

用真挚的爱心、热情的行动来保护我们的母亲河!

郭 耕 中国环保最高奖"地球奖"获得者,动物保护活动家,北京麋鹿苑博物馆副馆长。

何谓保护? 保护的关键,不是把动物关起来,而是把自己管起来。

臧英年 国际控烟活动家,首届"林则徐禁烟奖"获得者。

中国人口世界第一,不能让烟民数量也世界第一。

崔志如 中国上市公司环境责任调查组委会秘书长,CSR 专家,青年导师。

保护环境是每个人的责任与义务!

陈开碇 中原第一双零楼创建者,中国青年丰田环保奖获得者,清洁再生能源专家。

好的环境才能造就幸福人生。

目录

第1章 保护大气层

拯救臭氧层 ·······················10

减少温室效应 ··················12

地球需要减负 ··················14

绿色生活 ··························16

保护环境四部曲 ·············18

第2章 节约地球的能源

如果能源枯竭了怎么办? ·······26

节约现有能源 ··················28

可再生能源的利用 ··········30

合理开发 ··························32

绿色新能源 ·····················34

第3章 珍惜地球水资源

荒漠化的可怕 ··················42

如何预防酸雨? ···············44

海洋的可持续发展 ··········46

珍爱生命之水 ··················48

第4章 远离硝烟

地球伤疤 ··························56

毒气——无形的杀手 ·······58

生化危机 ··························60

战争就是毁灭 ··················62

第5章 处理生活垃圾

垃圾!垃圾! ····················70

各国处理垃圾的方法 ·······72

生活垃圾的分类 ·····················74

变废为宝 ·····························76

第 6 章　合理控制人口

人口爆炸 ·····························84

中国做出的努力 ·····················86

提高国民素质 ·······················88

世界各地的人口趋势 ·················90

第 7 章　保护生物多样性

生态平衡 ·····························98

动物和人类和平共处 ················100

保护大自然的法律 ··················102

截断罪恶之源 ······················104

解救野生动物的行动 ················106

第 8 章　环境与绿色交通

绿色车辆 ···························114

绿色智能化公路 ····················116

火车的故事 ························118

轮船也能环保 ······················120

漫步云端 ···························122

第 9 章　养成环保好习惯

节约新风尚 ························130

低碳达人 ···························132

少用贺卡 ···························134

戒烟对大气的好处 ··················136

循环利用 ···························138

第1章
保护大气层

　　人类赖以生存的大气，是围绕着整个地球的一个巨大的气体圈层，称为大气圈。像鱼类生活在水中一样，我们人类生活在地球大气的底部，并且一刻也离不开大气。大气为地球生命的繁衍、生息提供了必要的环境条件。

寻找破坏臭氧层的元凶

课题目标

　　发挥你的侦探才能,找到破坏臭氧层的元凶,并身体力行地实施你的环保小建议。

　　要完成这个课题,你必须:

　　1.和家长、老师或者好朋友一起合作。

　　2.需要了解冰柜、空调等设备的环保标识。

　　3.提出保护臭氧层的合理建议。

　　4.身体力行,和朋友们一起做环保小卫士。

课题准备

　　可以与你的好朋友一起上网了解相关知识,追踪元凶踪迹;可以和家长一起到电器超市了解冰柜、空调的相关环保数据。

检查进度

　　在学习本章内容的同时完成这个课题。为了按时完成课题,你可以参考以下步骤来实施你的侦探计划。

　　1.查出破坏臭氧层的元凶。

　　2.了解破坏臭氧层的元凶是怎么产生的。

　　3.列出保护臭氧层的环保小计划。

　　4.实施行动,做一名环保小卫士。

总结

　　本章结束时,可以和你的侦探团成员一起向父母、老师展示你们的环保成果。

拯救臭氧层

众所周知，地球是太阳系中唯一有生命存在的星球。而大气臭氧层对地球生物起着至关重要的保护作用。其主要体现在，大气臭氧层可以吸收掉对地球上生物有危害的紫外线辐射。大量的科学实验表明，到达地球表面的太阳辐射能量有4%左右会被大气中的臭氧层吸收掉。这就是说，太阳辐射中对地球生物非常有危害的那部分紫外线辐射绝大部分被大气中的臭氧层分解和淡化了，臭氧层就像一块天然的屏障，过滤了有毒物质，防止其到达地球。

最近的2个世纪，由于人类科技的突飞猛进的发展，很多有害的物质进入了大气，污染了大气臭氧层。下面先不讨论臭氧层对其他生物和环境的影响，只讨论对我们人类产生的巨大影响。

臭氧层被破坏会对人类的健康产生巨大的危害：

1.让人类的免疫力降低。

免疫力降低使许多不知名的奇怪疾病随即而至，这就是近年来人类突然患有很多种怪病的原因之一。

2.对眼睛的危害。

全世界2500万～3500万的老年失明者中

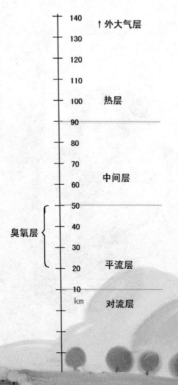

大气层图示

140	↑外大气层
130	
120	
110	
100	热层
90	
80	
70	
60	中间层
50	
40	
30	平流层
20	
10	
km	对流层

臭氧层 { 40～20

有很多人都是处在阳光充足的热带地区。大气臭氧层每减少1%,就会使得白内障的患病概率增加0.5%。

3.对皮肤的伤害。

过量的日照除了会晒伤皮肤外,还会引起人体免疫功能的下降,有可能引发皮肤癌,此外还会引起其他的一些病毒疾病和寄生虫传染病等。

拯救臭氧层,需要我们从身边的小事做起。我们使用冰箱、手机等家用电器、电子产品时会产生很多的氟利昂、四氯化碳等,它们都是破坏臭氧层的凶手,因此,我们应减少使用或者停止使用破坏大气臭氧层的电器。

1985年,由联合国环境规划署发起的有21个国家的政府代表签署的《保护臭氧层维也纳公约》,目的是保护人类的环境和健康,免受由于大气臭氧层的变化引起的不利影响。

它主要通过三个方面的措施,淘汰消耗臭氧层物质,降低对臭氧层的破坏:

1.通过环境管制措施,逐步禁用、限用消耗臭氧层物质;对违法企业进行重责;征收高额费用,资助替代物质和技术的开发。

2.建立多边基金,帮助发展中国家淘汰破坏臭氧层物品的生产。

3.开发和使用不破坏臭氧层的物品。

减少温室效应

　　所谓温室效应就是指太阳短波辐射透过大气层射入地面，地面增暖后放出的长波辐射被大气中的二氧化碳等物质吸收从而产生出大气变暖的效应。由此可知，大气中的二氧化碳就像一个厚厚的玻璃，让地球成为了一个大暖房。

　　温室效应的后果十分可怕。首先，自然生态随之发生重大变化：荒漠面积将不断扩大，土地侵蚀加重，森林退向极地，旱涝灾害严重，雨量也将增加 7%~11%，温带冬天更湿、夏天更早，热带变得十分湿润，干热的副热带变得更干旱，迫使原有的水利工程重新调整。其次，沿海将受到严重危害：气温升高，两极的冰山会融化，从而使海平面上升 1 米多，甚至更高。现在全世界有 1/3 的人口生活在沿海附近，如果海面升高很有可能会淹没陆地和港口。

　　地球变暖是个大问题。1988 年 11 月，联合国大会作出一项决议，指出二氧化碳等气体在大气中继续增加会造成无穷的灾害，号召国际社会为"当代和后代的人类保护气候"而努力。为减少大气中过多的二氧化碳，一方面需要人们尽量节约用电（因为发电需要烧煤，烧煤就会产生二氧

化碳），少开汽车；另一方面我们要保护好森林和海洋，比如不乱砍滥伐森林，不让海洋受到污染以保护浮游生物的生长，因为地球上可以吸收大量二氧化碳的是海洋中的浮游生物和陆地上的森林，尤其是热带雨林。我们还可以通过植树造林、减少使用一次性方便木筷、节约纸张（造纸用木材）、不践踏草坪等行动来保护绿色植物，使它们多吸收二氧化碳来帮助减缓温室效应。最后，还要通过各种途径减少矿物能源的总消耗，尽量使用核能、太阳能、水能、风能，以减少二氧化碳的排放！

温室效应导致了生物史上最大规模的灭绝

2.51亿年前的地球，海洋和陆地上的生物突然经历了一次最大规模的灭绝——"二叠纪末生物大灭绝"。有统计显示，地球上96%的海洋生物物种和75%左右的陆地生物物种在这一时期灭绝了。当时到底发生了什么可怕的事情？研究显示，大灭绝并不是突然的，起码"酝酿"了200万年。这场"悲剧"的"幕后黑手"，很可能就是温室效应！

地球升温导致南极洲气候变化，企鹅数量急剧减少。

地球需要减负

延伸阅读

地球是人类的居住场所，它到底能容纳多少人，是全人类共同关注的问题。据研究，地球上有限的植物资源只能供应 80 亿人的生活所需。

据联合国预测，按目前 45 年来的人口递增情况计算，到 2035 年，人口将达到 106.4 亿人，2080 年人口将达到 212.8 亿人，800 年后人口将达到千万亿的天文数字。那时候，地球上到处都是人，包括沙漠、高山、南极洲在内，人均占地仅 1.5 平方米，人与人之间差不多就是伸开双臂手拉手的距离。

就像我们国家小学生经常喊的口号"学习压力太大，需要减负"一样，地球也是如此，科技的发展就像一把双刃剑，既为人类的生产生活带来方便，也会为我们的生活带来一些负面的影响。我们所面临的环境危机也犹如无形的大山一样压得我们喘不过气来。

比如，汽车的发明对人类的出行与交通运输提供了诸多的便利，但是汽车所产生的尾气却会对环境带来污染，于是，人类利用"世界无车日"活动来减少汽车对环境的负面影响。在这一天里提倡人们步行或者骑自行车，不要开汽车出行。这是为什么呢？是因为许多欧洲城市面临着由于汽车数量过多而造成日益严重的空气和噪声污染，1998 年 9 月 22 日，法国的一些年轻人最先提出 "In Town, Without My Car!（在城市里没有我的车）"的口号，希

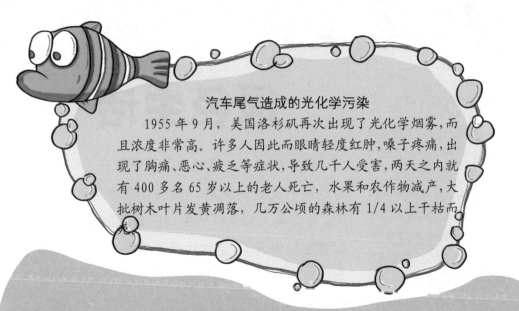

汽车尾气造成的光化学污染

1955 年 9 月，美国洛杉矶再次出现了光化学烟雾，而且浓度非常高。许多人因此而眼睛轻度红肿，嗓子疼痛，出现了胸痛、恶心、疲乏等症状，导致几千人受害，两天之内就有 400 多名 65 岁以上的老人死亡，水果和农作物减产，大批树木叶片发黄凋落，几万公顷的森林有 1/4 以上干枯而死。

望平日被汽车充斥的城市能获得片刻的清静。

汽车拥堵正损害着城市的"机体"。著名经济学家茅于轼算了这样一笔账：北京一年堵车大概造成 60 亿元损失，平均 1 个北京人每天损失 1.1 元钱，1 年损失 400 元。所以要倡导无车日，号召人们乘坐公交车、骑自行车或者就近步行等绿色出行方式。

"地球 1 小时"活动开始于悉尼，后来逐渐发展壮大，成为全球最大的应对气候变化的行动之一。每年 3 月最后一个星期六 20:30~21:30，全球各地的人们为"地球 1 小时"而熄灯。有超过 1000 个城市的 10 亿人已经加入到这一活动中来，让我们一起努力来应对气候变暖的问题。我们用自己的实际行动来给地球减负，不要使减负成为一句空话。保护地球，人人有责！

绿色生活

几千年前，人类的生活不像现在一样，那时既没有先进的机器，也没有飞速奔跑的汽车。肯定有人问这样的生活还算是生活吗？可以肯定地告诉你，这种生活现在很多的成功人士和有思想的人正在尝试中。我们叫这种原始自然生活为绿色生活。

大气的环保和这种生活息息相关。认真想一想，如果没有了汽车尾气，空气还会那么差吗？如果没有人吸烟，地球上的二氧化碳排放还那么多吗？如果没有那么多的烟囱排放黑烟，地球上的臭氧层还会被破坏吗？科学家正在寻找办法，古人与自然的和谐相处就是一个可以参考的例子。当然我们不一定要和古代人完全一样，但我们可以通过这些原始办法结合现实情况，寻找到一个好的办法来拯救地球！

古人没有电灯，照明靠的是油灯，他们在铜器里盛放一些动物油或植物油，灯芯是用动物毛发或者棉花撮合而成的，点上火后便可以用来照明。油灯既不会耗用电量，也不会对环境产生污染。

　　古时候没有空调，人们是如何抵御酷暑的呢？那时候的天气和现在差不多一样热，古人利用扇子来纳凉，如果再热了，可以使用一种叫作七轮扇的东西。这种器械在唐代时就出现了，它利用叶轮的旋转形成风源。在巨轮上安装有七个叶片，一个人摇动手柄，七个叶片飞快旋转，空气被搅动起来形成凉风，整个屋子顿时变得很凉爽！看来，贴近大自然的生活既对人体没有伤害，又保护了地球，可谓是一举两得。

　　古人同样也没有汽车，马车、牛车等动物拉的车比较多。马车就是用马匹拉动的交通工具，车子里面设有乘坐的座位，两旁装有巨大的车轮，后面有防止颠簸的围栏。怎么样，古人是不是很聪明啊？

绿色生活方式

节约资源，减少污染；
绿色消费，环保选购；
重复使用，多次利用；
分类回收，循环再生；
保护自然，万物共存。

保护环境
四部曲

　　大气和周遭生活环境的污染使人类已经认识到了保护地球环境的重要性。人类在保护环境过程中历经了四个阶段。

　　限制——限制污染源。19 世纪中叶，近代工业的迅速发展对环境产生了污染。当时人们的态度是对垃圾污染物进行限制排放。

　　治理——主要指的是治理污染。在 20 世纪 60 年代，不少国家不断地发生污染事件，环境污染治理成为当务之急。但是只是治理了表面，人们治理后发现并没有取得很大成效，实际上还有很多深层次的问题在不断地显现出来。

　　预防——主要指的是预防环境污染和生态破坏。预防本质上是一条防治结合、以防为主的综合防治路线。在 20 世纪 70 年代，多次举行了各种类型的世界性环境保护会议。1980 年 3 月 5 日，国际自然和自然资源保护联合会公布了保护世界生物资源的文件——《世界自然资源保护大纲》，要求采取国际合作，保护和利用人类共有的资源和财富。

　　规划——对环境进行整体规划和协调。从 20 世纪 80 年代开始，许多国家把环境保护的

　　著名环保人士叶榄向学生们宣传环保知识。叶榄是河南潢川人，1993年辞去公职，开始骑单车旅行全国，先后发起了"希望工程万里行""绿色希望行""绿色与和平之旅"等公益环保活动。

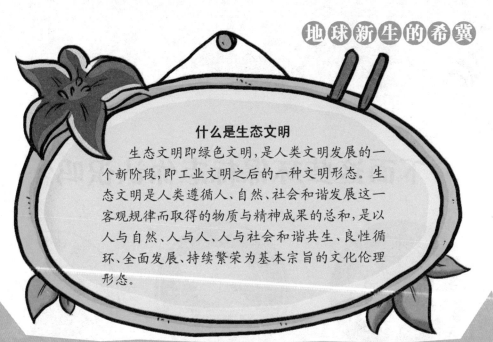

什么是生态文明

生态文明即绿色文明,是人类文明发展的一个新阶段,即工业文明之后的一种文明形态。生态文明是人类遵循人、自然、社会和谐发展这一客观规律而取得的物质与精神成果的总和,是以人与自然、人与人、人与社会和谐共生、良性循环、全面发展、持续繁荣为基本宗旨的文化伦理形态。

重点放在了建设"第三代环境"上来。什么叫作第三代环境呢?就是指追求人类工作、生产、生活环境的舒适性。这些国家制定了经济增长与合理利用自然资源和环境资源相结合的长远政策,强调了人类和环境要协调地发展。

世界工业化的发展使征服自然的文化达到极致,一系列全球性的生态危机说明地球再也没有能力支持工业文明的继续发展,需要开创一个新的文明形态来延续人类的生存,这就是"生态文明"。如果说农业文明是"黄色文明",工业文明是"黑色文明",那么生态文明就是"绿色文明"。

下面这些环保标志你认识吗？

中国Ⅰ型环境标志

中国Ⅱ型环境标志

中国Ⅲ型环境标志

中国环境标志

绿色食品标志

中国节水标志

国际环境保护标志

无公害农产品标志

有机食品标志

我是大气环保小达人

请同学们来测试一下,看你是不是大气环保小达人。

1.天气稍微有点热就开空调。

　□是　□不是

2.我喜欢让爸爸(妈妈)开车送我上学。

　□是　□不是

3.能说出三种以上对臭氧层有害的生活物品。

　□能　□不能

4.拒绝使用或购买无环保标志的产品。

　□是　□不是

5.不管多近,能坐车绝不走路。

　□是　□不是

6.劝爸爸不吸烟。

　□是　□不是

7.夏天特别喜欢吃雪糕,每天都要吃。

　□是　□不是

8.过年的时候最喜欢放烟花爆竹了。

　□是　□不是

9.把剩余的牙膏、洗面奶挤干净。

　□是　□不是

10.向家人或朋友讲解过环保知识。

　□是　□不是

题目	是	不是
1	0分	+10分
2	0分	+10分
3	+10分	0分
4	+10分	0分
5	0分	+10分
6	+10分	0分
7	0分	+10分
8	0分	+10分
9	+10分	0分
10	+10分	0分

总分在60分以下的同学:看来你平常对我们的环境关注和保护的程度非常不够!需要恶补环保知识。

总分在60~80分的同学:你对环保还是比较在意的,但是,主动性明显不够!建议多多主动地了解环保知识,参加环保活动。

总分在90分以上的同学:恭喜你,达到优秀成绩。你可是大气环保小达人了!

● 臭氧

你知道什么是臭氧吗?

臭氧对人类很重要。

哦!那不就是臭气吗?

臭氧是三个氧原子组成的。臭气主要是由氮和二氧化碳等其他物质组成的。

● 捡垃圾

我们今天去捡垃圾吧!

保护环境,人人有责!

你不爱护环境!

不去!

我计划明天去!

●考试

我的环保考试分数！

老师真不公平！

不就是考试的时候扔小纸条了嘛！

●书

书上说大家要爱护环境！

书上说的真对！

你怎么知道？

难道书上说的还假？

我以为写书的时候资料是抄的。

第2章
节约地球的能源

　　地球具有丰富的资源，能够给人类提供必要的生产与生活物质，但这些能源都是有限的，是一次性的，它们包括矿石、石油、天然气、煤等。当人们无节制地开采致使资源枯竭的时候，人类的生活水平将一下子退回到远古时代，所以如何珍惜我们地球的宝贵资源就成了当务之急。

寻找绿色新能源的特性

课题目标

 发挥你的侦探才能,找到破坏臭氧层的元凶,并身体力行地实施你的环保小建议。

 要完成这个课题,你必须:

1.和家长、老师或者好朋友一起合作。

2.了解一次性能源的相关知识。

3.了解新型能源的相关知识。

4.身体力行,和朋友们一起做环保小卫士。

课题准备

 与你的好朋友一起上网了解相关知识,查询相关数据。了解一次性能源和新型能源的不同特点。

检查进度

 在学习本章内容的同时完成这个课题。为了按时完成课题,你可以参考以下步骤来实施你的侦探计划。

1.查出一次性能源是怎样生成的。

2.了解新型能源的种类。

3.列出一次性能源与新型能源的对照表。

4.实施行动,做一个环保小卫士。

总结

 本章结束时,可以和你的侦探团成员一起向父母、老师展示你们的环保成果。

如果能源枯竭了怎么办？

中国的自然资源储量在世界排行是第七位，能源资源总量位居世界第三位。由于我国人口众多，相比起来能源资源又是相当匮乏的。目前世界上已探明能源储量和开采年限分别为：石油的储量为1万零195亿桶，可供开采43年；天然气埋藏量为144万亿立方米，可开采63年；煤炭的埋藏量为1万零316亿吨，可开采231年；铀的储量为436万吨，可供使用72年。

看来说地球能源会枯竭不是没有道理的。并且这些都是不可再生的资源，是经过上亿年的"洗礼"才累积的资源！

如果石油开采完后人类就无法乘坐交通工具，如果新的能源依旧没有问世，或许人们将重用马匹作为代步的工具，这场面一定颇为滑稽。可见社会的进步离不开能源！目前电动汽车已经研发了数十年，只要能够很好地解决电池及充电问题，前景还是很被看好的。

再比如说煤炭开采完后，将用何种能源来支撑世界的工业发展呢？或许可以积极地开发水电，但配套的环保措施同样得跟上，否则环

延伸阅读

煤炭是怎么形成的？

千百万年来植物的枝叶和根茎在地面上堆积成了一层极厚的黑色腐殖质，这层腐殖质由于地壳运动不断地被埋入地下，其长期与空气隔绝，并在高温高压下，经过一系列复杂的物理、化学等变化，形成了黑色可燃沉积岩，这就是煤炭的形成过程。

境污染问题又会给整个地球埋下了定时炸弹。新能源的开发与利用暂且可以消除人类对能源前景的担忧，但在这开发的过程中，也需要适度、合理地利用资源。为了不让子孙后代因能源匮乏而经受磨难与退步，更应建立起正确的资源意识！

人类的生存和发展离不开物质、能量，而能量来自能源。未来的人类社会依然要依赖于能源，依赖于能源的可持续发展。因此，我们必须清楚地了解地球上的能源结构和储量，必须要开发新的能源利用技术，才能使人类得以永久延续。

煤炭使用的历史

中国是世界上最早使用煤炭的国家。在辽宁省新乐古文化遗址中，人们就发现了煤制工艺品。煤这个名称首次出现在明代李时珍所著的《本草纲目》中。古希腊和古罗马也是用煤较早的国家。约公元前300年，古希腊学者泰奥弗拉斯托斯在《石史》中就记载有煤的性质和产地，古罗马大约在2000年前就已开始用煤加热。

节约现有能源

　　节能简单地说就是以节约使用能源的方式,保护资源,减少对环境的污染。节能可以通过提高能源使用效率、减少能源消耗或降低传统能源的消耗量等方式来达到。节能可以带来更多的金融资本、环境质量、国家安全、人身安全和人体舒适度。个人和组织通过节约能源,降低能源成本,促进经济安全;工业和商业用户可以提高能源使用效率,使其利润得以最大化。节约能源可减少温室气体排入到大气层,减少碳排放,可让大气中的温室气体含量稳定在一个适当的水平,避免剧烈的气候改变,减少恶劣气候对人类造成的伤害。

　　我们要从自身做起,从今天的行动做起,为地球贡献自己的力量。

第一,节约水资源

　　提起节约水资源,我们会习惯性地说就是"细水长流,少用水",对吧?实际上不光是这样,我们还要学会一水多用,充分利用水资源。比如洗完

菜的水可以用来浇花，洗完脸的水可以用来洗脚，甚至可以用来冲厕所、清洗地面等，这些都是对水的充分利用。

第二，节约用电

我们家中的电器常常会短路，用得好好的电灯或者电脑，突然一下子就断掉了。这是什么原因呢？这是因为我们在配电盘上多插了很多插头所致。我们可以少用几个电器，有些电器打开没有起到多大的用处时就要关掉。建议最好使用节能灯，这样不光是省钱，还节约了电量的流失。

还有，就是使用一些可以节约电量的替代器械。最近几十年，人们也意识到了能源流失的严重性，所以开发了很多替代能源的产品。比如太阳能工具，包括汽车和我们所熟知的热水器以及交通灯等，只要有太阳存在就可以利用太阳制造能源。

第三，绿色出行

如果出行的路途很近，就步行。适当距离远一点就骑行，不要动不动就坐车。这样不仅节省了汽油，减少了尾气排放，还锻炼了身体，何乐而不为呢？

延伸阅读

　　节能灯相对于普通白炽灯的优点

　　1.省电。它功率小，比白炽灯节电70%～80%。

　　2.光效高。在光照度不变的情况下，11W的节能灯可直接替换60W的白炽灯。

　　3. 使用电压宽。100～265V范围内均能瞬间启动并正常工作，对电网污染小。

　　4.寿命长。高效节能灯与传统灯比较，寿命长达3～10倍。

　　5.显色好。护眼节能灯接近太阳光，灯光无频闪现象，眼睛舒适度高。

可再生能源的利用

　　发展可再生能源可以降低发展中国家对煤炭的过度依赖，保障能源供应安全。据环境专家测算，大气中90％的二氧化碳和氮氧化物、70％的烟尘来自燃煤，煤炭开发利用过程中产生大量的矸石、腐蚀性水、煤泥、灰渣和尘垢等，已构成对工农业生产和生态环境的危害，而可再生能源基本上不产生环境污染问题，因而发展可再生能源也是保护大气环境的迫切需要。另外，目前全球有20亿人无法享受正常的能源供应，发展中国家的农村主要依靠直接燃烧秸秆、柴草等提供生活用能，不仅造成严重的环境污染，危害人体健康，还威胁生态环境的安全。发展可再生能源则有利于改善这些国家农村和偏远地区的生产生活条件。

风能是地球"与生俱来"的丰富资源，加快开发利用风能已成为全球能源界的共识。风能主要是用于发电，目前风电产业在全球已发展为年产值超过 50 亿美元的庞大产业。风能是可再生、无污染的绿色能源，一台单机容量为 1000 千瓦的风机与同容量火电装机相比，每年可减少排放 2000 吨二氧化碳、10 吨二氧化硫、6 吨二氧化氮，没有常规能源所造成的环境污染。风能还具有一次投资后的追加成本少的特点，凭借其巨大的商业潜力和环保效益，在全球可再生能源行业中创造了最快的发展增速。

延伸阅读

风是地球上的一种自然现象，它是由太阳辐射热引起的。太阳光照射到地球表面，地球表面各处受热不同，产生温差，引起大气的对流运动从而形成风。风能就是空气的动能，风能的大小决定于风速和空气的密度。全球可利用的风能比地球上可开发利用的水能要大 10 倍。

风力发电技术成熟，单机容量大，建设周期短，是一种安全可靠的能源。从长远看，不论是工程投资还是发电成本，都会逐步接近火电成本。风力发电产业是一个极具发展潜力的产业，全球已有 50 多个国家正在积极进行风能的开发利用。

合理开发

延伸阅读

如何节约用纸？

1. 旧报纸可以用来练习毛笔书法。

2. 节约使用练习本，不要随便扔掉白纸，充分利用纸的空白处。

3. 用过的纸另一面可以写草稿、便条或自制成笔记本使用，过期的挂历纸可以用来包书皮。

4. 图书循环使用，自己看过的书不再看就送给其他需要的朋友。

在当今这个资源即将枯竭的地球上，合理地开发利用自然资源是保护环境的重要措施之一。

自然资源分为三大类。

第一种是生态资源，也就是恒定资源（包括光、热、风等）。

第二种是生物资源，即可再生资源或者可更新资源（包括动物、植物、微生物和土壤）。

第三种是矿产资源，包括不可再生资源或者不可更新资源（有天然气、煤炭、石油等）。

自然资源是人类生产和生活资料的基本

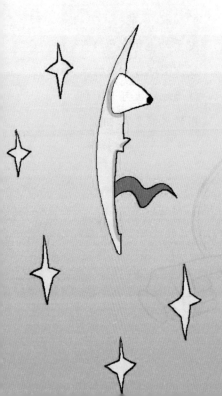

来源，是社会文明发展的前提和基础。如果资源枯竭、退化了，将给人类的生活带来极大的危害。一个人如果离开了水、空气、阳光、土地等就没办法生活。我国是人均能源拥有量很低的国家，我国的人均资源量远远落后于世界人均水平，开发利用自然资源，势必要影响和改变环境。同时，我国保护资源的能力较低，这样又影响了自然资源的开发利用。例如，人类对土地资源的开发利用，如果不符合当地的生态环境特点，生态平衡就会遭到破坏，从而引起严重的自然灾害。

对于资源进行合理开发利用，就是对环境的最好保护。在这一方面，人们必须树立正确的观点，认识到自然资源的有限性和不可替代性。就某一种资源来说，在一定条件和一定时期内，并不是取之不尽、用之不竭的，因此，珍惜各种自然资源将是整个人类的责任！

延伸阅读

由于人口众多，当前我国人均水资源占有量为 2500 立方米，约为世界人均占有量的 1/4。另外，我国的气候属于季风性气候，水资源时空分布不均匀，南北自然环境差异大，其中北方的 9 个省区，人均水资源不到 500 立方米，属缺水地区。由于城市人口剧增、生态环境恶化、工农业用水技术落后、浪费严重、水源污染等原因，更使原本就匮乏的水资源"雪上加霜"，这也成为了国家经济建设发展的"瓶颈"。

绿色新能源

　　我们经常说到的绿色能源,有太阳能、氢能、风能等。但另一类绿色能源,就是绿色植物给我们提供的燃料,我们也管它叫作绿色能源,又称生物能源或物质能源。其实,绿色能源是一种古老的能源,千万年来,我们的祖先都是靠伐树、砍柴来烧饭、取暖并繁衍生息的。沉痛的历史教训告诉我们,利用生物能源,维持人类的生存,甚至造福于人类,必须按照自然规律办事,既要利用它,又要保护它、发展它,使自然生态系统保持良性循环。下面介绍一些绿色新能源。

　　地热能

　　这种能源主要是来自地球深处的可再生热能,它起源于地球的熔融岩浆和放射性物质的衰变,其利用可分成地热发电和直接利用两大类。地热能的储量比目前人们所利用的总量多很多倍,而且集中分布在构造板块的边缘一带,该区域多为火山的多发区。如果热量提取的速度不超过补充的速度,那么地热能便是可再生的。地热能在世界很多地区被广泛应用。据估计,每年从地球内部传到地面的热能十分巨大。 不过,地热能的

新能源与绿色新能源的区别

　　新能源又称非常规能源，是指传统能源之外的各种能源形式，是刚开始开发利用或正在积极研究、有待推广的能源，如太阳能、地热能、风能、海洋能、生物质能和核聚变能等；绿色新能源是指新能源领域中绿色环保的部分能源。它们的区别是：新能源涵盖了绿色新能源，绿色新能源是新能源的重要组成部分。

分布相对来说比较分散，开发难度较大。

　　生物能

　　生物能是太阳能以化学能的形式贮存在生物中的一种能量形式，是一种以生物质为载体的能量，它直接或间接地来源于植物的光合作用。在各种可再生能源中，生物能是独特的，它贮存的是太阳能，更是可再生的能源，它也可以转化成常规的液态、气态和固态燃料。

知识复习与拓展

通过本章的知识学习，我们懂得了哪些是一次性的资源、哪些是绿色的新能源，懂得了如何节约一次性能源，绿色新能源是如何被开发出来的。还有哪些能源是新型的绿色能源呢？

海洋渗透能

海洋渗透能是一种十分环保的绿色能源，它既不产生垃圾，也没有二氧化碳的排放，更不依赖天气的状况，可以说是取之不尽，用之不竭。

海洋渗透能是将两种浓度高低不同的溶液放在一起，并用一种渗透膜隔离后，会产生渗透压，水会从浓度低的溶液流向浓度高的溶液，这样就会形成一个水压差，可以利用这个水压差来发电。江河里流动的是淡水，而海洋中存在的是咸水，两者也存在一定的浓度差。在江河的入海口，淡水的水压比海水的水压高，如果在入海口放置一个涡轮发电机，淡水和海水之间的渗透压就可以推动涡轮机来发电。

核聚变能

核聚变能的产生是模仿太阳产生能量的原理，使两个较轻的原子核结合成一个较重的原子核并释放能量。与传统的化石能源相比，核聚变能具有清洁和易采集的特点。制造核聚变能需要氘元素，而 1 升水中约含有 30 毫克氘，通过聚变反应产生的能量相当于 300 升汽油的热能。地球上仅海水中就含有 45 万亿吨的氘，足够人类使用上百亿年，比太阳的寿命还要长。由于开发核聚变能耗资巨大，技术难度高，世界各国必须携手才能取得突破性进展。中国已正式加入由美国、欧共体、日本、韩国和印度等组成的国际合作项目，共同开发核聚变能反应堆。

能源达人小测验

请把下列空格里的知识补充完整:

1. 我们常说的不可再生能源分别是_____和_____。

2. 我们经常说到的绿色能源有_____、风能、_____和____等。

3. 我们平时在日常生活中需要注意节约_____和节约电。

4. 可再生能源有潮汐能、_____和_____等。

5. 请连线,把你认为有对应关系的连起来:

水 能

风 能

石 油

天然气

煤 炭

地热能

生物能

不可再生能源

可再生能源

绿色能源

●生日礼物

这个是生日礼物。

谢谢!

两天后……

我送的小风车你喜欢吗?

拆开后就装不上了!

●忘了洗澡

好像忘记什么了?

怎么都想不起来!

真臭!走开!

嗨!美女!

对了!太阳能热水器坏了,没洗澡!

● 洗澡

● 看风

第3章
珍惜地球水资源

在漫长的人类发展历程中，水始终扮演着不可或缺的角色，直到今天，地球上几乎所有的大城市都是依河而建的。因其交通和灌溉的便利，河流地带自古以来就是人类文明的发祥地。有一条绵延不绝的河流，就会有一方生生不息的文明。

寻找造成酸雨的元凶

课题目标

发挥你的侦探才能,找到造成河流污染的元凶,并身体力行地实施你的环保小建议。

要完成这个课题,你必须:

1.和家长、老师或者好朋友一起合作。

2.找出河流被污染的原因。

3.认识河流被污染后的恶果。

4.大胆思考,提出改善环境的建议。

课题准备

实地考察城市中的河流,追踪造成河流污染的元凶的踪迹。可以和老师到这些地方搜集相关的环保数据。

检查进度

在学习本章内容的同时完成这个课题。为了按时完成课题,你可以参考以下步骤来实施你的侦探计划。

1.调查你居住地附近的河流。

2.带回这些河流的样本。

3.与自来水对比一下,看看谁清谁浊。

4.提出你的水资源环保建议。

总结

本章结束时,可以和你的侦探团成员一起向父母、老师展示你们的环保成果。

荒漠化的可怕

延伸阅读

观察我们居住地方的环境，看看荒漠化是否影响到你所在的家乡。

你首先要了解：

1. 你所在的地方在中国的哪个方向？哪个地带？

2. 你居住地区的土质如何？植被覆盖率有多少？

3. 有没有沙尘暴等极端天气现象？

根据你的所见构思一篇环境调查报告。

设想一下，如果周围是一片无尽的沙漠，没有一棵树，也没有蓝蓝的河流，抬头看见的是一片灰黄的天空，小鸟的鸣叫没有了，只有你一个人在。这是一件多么可怕的事情啊！所以我们要珍惜眼下的生活，不要让这些事情真的变成现实。

地球上积累的灰尘就像是人类身上的污垢一样，越来越多的灰尘会让地球无法呼吸。绿色慢慢地不见了，地球会变成一个死亡的世界。在以前，古代的人不是很注重这件事。他们生活在水草丰茂的地方，四处放牧，过着无忧无虑的日子。但是随着时间的流逝，当羊群把附近的草都吃光了，人们也把周边的树林砍伐一空的时候，黄沙终于来了，吹向了这片土地，土地慢慢地铺满了黄沙，人们的家园被毁了，羊群因为找不到可以吃的绿色植物也被饿死。这样的想象绝不是凭空杜撰，它也许真的就会发生。

根据对我国 17 个典型沙区、同一地点不同时期的陆地卫星影像资料进行分析，证明了我国荒漠化发展形势十分严峻。毛乌素沙地地处内蒙古、陕西、宁夏交界，面积约 4 万平方千米，40 年间流沙面积增加了 47%，林地面积减少了 76.4%，草地面积减少了 17%。此外，甘肃民勤绿洲的萎缩，新疆塔里木河下游胡杨林和红柳林的消亡等等一系列严峻的事实，都向我们敲响了警钟。

土地荒漠化最终的结果大多是沙漠化。

我们不难发现，一棵树长成大树要十几年几十年甚至上百年，但是砍伐却需时很短。如果要改变这一切，需从以下几点入手：首先，要有可以代替性的物质，不要再用树木去建造家具或者房屋。其次，要在源头上阻断这些非法砍伐林木的罪恶交易。第三，自身要形成绿色环保意识。很多家具用塑料或者一些新型复合型材料来制作也一样可以满足人们的需要。

保护树木，多植树造林，禁止乱砍滥伐，尤其是要保护大面积老龄森林，保留原始生态资源，为保护地球的绿色多采取一些措施。

如何预防酸雨？

延伸阅读

小朋友都知道含钙的物质比较害怕酸性腐蚀。德国著名的科隆大教堂，主要是由大理石建造的，它的石壁表面已经被酸雨腐蚀得非常严重，一些石像雕塑的剥蚀也是难以恢复的。最严重的一个石雕在15年间被腐蚀掉了10厘米厚，让人感到十分心痛。

酸雨是雨、雪等在形成和降落过程中，吸收并溶解了空气中的二氧化硫、氮氧化物等物质，形成的 pH 值低于 5.6 的酸性降水。酸雨的危害性特别大：可以损伤树叶，阻止植物的光合作用；对湖泊的影响也较大，会使水质发生改变，水生生物死亡；会对农作物造成减产或者变质；对人体也会造成很大的伤害。

那么我们应如何预防酸雨呢？

酸雨控制是一个十分紧迫的事情，应该在近期控制酸雨的发生，使环境状况尽快得到改善。因此需要两步走：先从实际情况出发，对目前的酸性物质排放加以削减，以求短期见效果；同时考虑采取根本性的改革措施，即进行能源结构的变更，而这种改革措施在短时间内难以奏效。

目前控制酸雨发生的措施包括：限制高硫煤的开采与使用，重点治理火电厂二氧化硫的污染，防治化工、冶金、有色金属冶炼和建材等行业生产过程

中二氧化硫的排放。

　　酸雨控制的根本途径是减少酸性物质向大气的排放。目前的有效手段是：使用干净能源,发展水力发电和核电站,使用固硫的型煤,使用锅炉固硫、脱硫、除尘新技术,发展内燃机代用燃料,安装机动车尾气催化净化器,培植耐酸雨农作物和树种等。

　　酸雨是在高空雨云中形成的,并可长距离传输,因此,不能仅控制酸雨区的酸性物质排放,应该连周边地区一起控制。科学家曾估计过,我国大部分省份排放的二氧化硫,有50%以干湿沉降方式沉降在本省范围,有20%～30%沉降到周围省份,其他的则沉降到较远的省份。大城市则更为突出,它们排放的二氧化硫,仅有20%左右沉降在本市内,80%则被传输到其他地方去了。可见,不但要控制和削减酸雨地区的酸性物质排放,还要控制和削减其周边地区的酸性物质排放,特别是要控制和削减大城市的酸性物质排放,这样才能完全解决我国的酸雨问题。

酸雨的危害没有国界

　　美国工业污染造成的酸雨不时"侵入"近邻加拿大的领空,降落到加拿大的国土上,使加拿大的几百个湖泊因为酸化而毁灭,还有几千个湖泊濒临毁灭,并使这些湖泊中的水生生物难逃覆灭的厄运。加拿大和美国这两个十分友好的邻国曾因此发生了纠纷。由此可见,居住在地球村里的居民,只有采取跨国的联合行动,才能阻遏空中魔王——酸雨的危害。

海洋的可持续发展

　　大海被誉为是"生命的摇篮"，地球最初的生命就来自海洋。像母亲一般的大海对我们人类的生活有着很大的帮助，我们的食物和一些资源都是从海洋中获得的。但是随着人类科技的不断发展，我们对大海已失去了敬畏的心，开始了疯狂的掠夺。

　　作为生态资源的海洋，现在满目疮痍：人类在海里开采石油，许多的海洋生物被打捞，珊瑚礁被破坏。海洋的生态资源种类虽然很多，但是需要正确地开发才能够既保障绿色环境，又合理地运用资源。如果有一天大海真的愤怒了，那将给人类和地球带来不可想象的影响。我们对海洋要进行可持续开发才能够保证海洋不被破坏。

　　具体地说，海洋资源的可持续开发有以下三个方面的特征：

　　1.持续性。可持续发展的基本含义就是保证人类社会具有长远的可持续发展能力。由此出发，海洋资源可持续开发利用所坚持的基本点是：一是必须满足当代人的需求，尽可能使海洋资源得到充分合理的利用；二是在满足当代人类需求的同时也不能牺牲、损害后代人的利益，要保证海洋

保护环境

资源有一个最小的安全存量,使再生资源能得到及时的恢复。

2.协调性。海洋资源的开发利用涉及许多行业,协调发展是客观要求,如石油、交通、水产、旅游、盐业等各行业要协调发展,各得其所;陆地、海上应协调与合作,共同保护海洋生态环境;海洋开发与海洋资源和环境的承载能力协调一致,以保持海洋的可持续利用。

3.公平性。公平性是一个涉及哲学、经济、伦理等多领域的概念,具有多方面含义。从可持续意义上讲,公平性包括代内公平和代际公平。代内公平是指一代人之间对资源的合理配置,包括个人之间、集体之间、区域之间、国家之间的公平;代际公平则是指两代人之间的资源分配,代际公平要求当代人的发展不应以牺牲后代人的利益为代价。

珍爱生命之水

延伸阅读

以人类为例，水的含量约占人体总重量的2/3，假如一个人体重60千克，那么水就有40千克。水广泛分布在人体的各个器官、组织和体液中，其中皮肤大约含有65%的水，肌肉含有将近75%的水，而血液的含水量达到了80%以上，就连人体最坚硬的骨骼里，也含有近20%的水分。

水资源是一个沉重的话题。你看到过不停流水的水龙头和浪费水资源的造纸厂吗？你肯定看到过。的确，我们经常会做一些浪费水的事，这充分说明了我们缺乏节约意识。在中国，解决用水问题是个头等大事，很多地方还面临着吃水难的问题。我国是个水资源缺乏的大国，但城市生活用水和工业用水却都存在着大量的浪费。

水是我们生命的重要组成部分，缺少了水，生命就不存在了。在现代，随着工业的发展，很多的废水、废物排入净水中，引起水质的根本改变，发生恶化，致使可利用性降低或者丧失，直接影响到人畜饮用、工业生产和农业灌溉等，使可利用的水资源减少。所以节约水资源是一件势在必行的大事。

下面将一些生活中节约用水的方法告诉大家：

1.先用淘米水洗菜，再用清水清洗，不仅节约了水，还有效地清除了蔬菜上的残存农药。

2.第一道洗衣水洗拖把、拖地板，再冲厕所；第二道清洗水洗鞋袜或擦门窗及家具等。

3.大、小便后冲洗厕所，尽量不开大水管冲洗，而要充分利用使用过的"脏水"。

4.夏天给室内外地面洒水降温，尽量不用清水，而用洗衣之后的洗衣水。

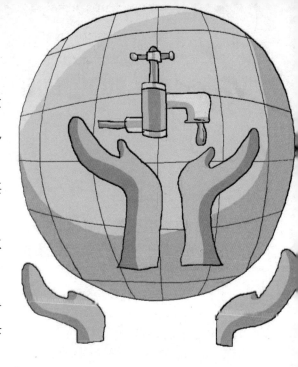

5.自行车、家用小轿车清洁时,不用水冲,改用湿布擦,很脏的地方也宜用洗衣物后的余水冲洗。

6. 冲厕所时使用节水型设备,每次可节水4~5千克。

7.家庭浇花,宜用淘米水、茶水等。

8.家庭洗涤手巾、瓜果等时少量用水,宜用盆子盛水而不宜开水龙头放水冲洗。

9.洗地板时用拖把擦洗,比用水龙头冲洗每次每户可节水200千克以上;洗菜时一盆一盆地洗,不要开着水龙头冲,一餐饭可节省50千克。

10.淋浴时如果关掉水龙头擦香皂,洗一次澡可节水60千克。

11.手洗衣服时,如果用洗衣盆洗、清衣服,则每次比开着水龙头节省水200千克。

12.用洗衣机洗衣服时应满桶再洗,若分开两次洗,则会多耗水120千克。

水与农业的历史

植物生长离不开水,而人类的古老文明大多是农业文明,所以用水的历史在某一方面代表了文明的历史,让我们来看看世界上有哪些进步的用水技术吧。

公元前 3000 年,中国发明了水稻种植技术,修建了水田。

公元前 2000 年,埃及人发明了一种叫作桔槔的工具从河里提水灌溉农田。

500 年,阿兹特克人已经可以把沼泽中的水排干,用来种植玉米。

公元前 700 年,亚述人修建了一条长 10 千米的运河,用来灌溉首都周围的果树和棉花。

1870 年,美国的移民开始利用风车技术提取地下水进行农田灌溉。

1990 年,沙漠地区的以色列人发明了用滴灌的方法种植作物,大大节约了农业用水。

我是小小水专家

1. 不了解水的重要性。

　□是　　□不是

2. 一点也不了解水和人类文明之间的关系。

　□是　　□不是

3. 能说出四个跟河流有关的人类古文明。

　□是　　□不是

4. 明白水对现代工业和农业的重要性。

　□是　　□不是

5. 知道三个以上的有关水的故事。

　□是　　□不是

6. 了解水在生态系统中的作用。

　□是　　□不是

7. 不明白为什么海洋会被称为生命的摇篮。

　□是　　□不是

8. 一点也不了解哪些动物耐渴。

　□是　　□不是

9. 能说出三种最耐旱的植物。

　□是　　□不是

10. 向家人或朋友讲解过环保知识。

　□是　　□不是

题目	是	不是
1	0分	+10分
2	0分	+10分
3	+10分	0分
4	+10分	0分
5	+10分	0分
6	+10分	0分
7	0分	+10分
8	0分	+10分
9	+10分	0分
10	+10分	0分

总分在60分以下的同学：看来你平常对我们身边的水没有了解过，要加强对这方面知识的掌握哦！

总分在60~80分的同学：你对水还是比较了解的，但是，主动性明显不够！建议多多主动地了解水的知识。

总分在80分以上的同学：恭喜你，达到优秀成绩了！你是小小水专家！

● 干洗衣服

● 买水

美雅,你过来一下。

渴死我了!去买水喝!

怎么了?

总是让我买水。

洗衣机没水怎么干转呀?

这次我买了好多的水。

这不是节省水资源干洗吗?

我把一家纯净水公司的水全包下来了!

● 浪费资源

● 报纸上的谎言

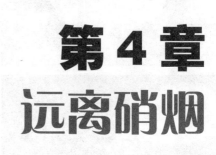

第4章
远离硝烟

　　自古以来，战争就给人类带来了许多的灾难，它不仅消耗了大量的人力、物力、财力，而且毁灭了无数的生灵；不仅破坏了人类生存的社会环境，而且也破坏了人类赖以生存的自然生态环境。所以呼唤世界和平是每个人应该履行的义务。

搜寻战争造成的灾害

课题目标

发挥你的调查能力，找出战争对人类与环境造成的危害，并身体力行地实施你的环保小建议。

要完成这个课题，你必须：

1. 和家长、老师或者好朋友一起合作。
2. 需要了解历史上影响重大的战争。
3. 了解这些战争对环境造成的威胁。
4. 身体力行，和朋友们一起做环保小卫士。

课题准备

通过书籍与网络上的资料了解相关知识，调查战争的发生与研制杀伤性武器的过程。

检查进度

在学习本章内容的同时完成这个课题。为了按时完成课题，你可以参考以下步骤来实施你的侦探计划。

1. 调查哪些战争对环境造成了危害。
2. 了解这些危害对环境与人类造成了什么样的威胁。
3. 了解这些危害的严重性。
4. 实施行动，做一个环保小卫士。

总结

本章结束时，可以和你的调查团成员一起向父母、老师展示你们的环保成果。

地球伤疤

延伸阅读

20世纪人类经历了两次世界大战。第一次世界大战丧生的人数超过800万，受伤人数高达2200万，其中700万人终身残疾；财产损失大约为2600亿美元。第二次世界大战的规模更大，损失也更惨重。据不完全统计，世界各国总伤亡人数约为1亿，财产损失达4万多亿美元。

从人类诞生的那天起，就知道了通过抢夺可以获取别人的食物，甚至获得更大的利益。渐渐地，打架就升级为了战争。一伙人和另一伙人之间的斗争，扩大成一个国家同另一个国家的战争。翻开历史书随处可以看到两个红色的大写字——战争。

战争给地球资源带来了难以平复的打击。

首先，它会造成自然资源的破坏。第二次世界大战中各种爆炸物掀起的良田表层土壤达3.5亿立方米，造成许多良田贫瘠，使有些地方成为沙漠和砾石戈壁。

其次,战争会带来环境污染。战争造成的大气污染最为严重,同时也会带来海洋污染和周遭环境的核污染,此外,战争带来的土壤污染也时有存在。第二次世界大战中在日本广岛、长崎投放的原子弹,使 10 余万平民死亡,核爆炸造成的放射性污染,导致了几代日本人的残疾和畸形。

硝烟弥漫的世界,大地上一道道的沟沟坎坎都是战争留下的伤痕,即使这样也没能让人类认识到战争的危害性。经过战争,无数的生命变成了飞灰,生态资源和人类自身生存的环境不断地变化,有许多人感慨大自然的变化,却不知道自己也在做着这样的事情,原来的房屋和良田以及生活的方方面面都不再拥有了,只剩下苦闷的现实。

地球母亲承受着由于我们人类的无知对她的重创,她在无限的痛苦与忍耐中无言地看着我们。我们只有停止战争,消除相互的隔膜,大家都遵循"让世界充满爱"的思想解决分歧,地球母亲的伤疤才会慢慢愈合,人类的家园才会变得更加美好!

毒气——无形的杀手

我们都知道人类闻了有毒的气体之后轻则会头晕恶心,重则会丧生。这种东西没有人喜欢,但是为什么还会有人使用呢?

战争中,毒气常扮演主要角色。它们的作用是让士兵丧失战斗力,让人们害怕,让大地长不出庄稼。从最早的冷兵器时代的毒箭到20世纪第一次世界大战中德国使用了毒气弹,人们刚开始想到的也许只是战胜对手,从来没有考虑过以后。这种毒气弹的使用不完全是消灭了对手,而是会慢慢扩大直至消灭全人类。

毒气的危害在如今已经不光是存在于战

争中,而且还存在于生活的方方面面,渐渐变成了无形的杀手。士兵从战场上退役后将毒气也带到了人类生活的城市;从家装用具到生活的点滴,我们也许经常会跟毒气打交道。毒气的存在破坏了地球的生态平衡,一些科幻小说曾经描述过若干年后的人类在大街上走路时,头上戴着防毒面具,地面上毒气随时都在泄漏着。终究有一天地球将会报复人类,真的不希望有那一天的到来,我们不愿意看见地球母亲的愤怒,清除毒气是我们应该做的事情。

地球已经满目疮痍,不能再这样折腾了。大自然青山绿水的空气会让你的大脑兴奋,而污浊的空气、毒气只会使我们陷入险境!

让我们一起行动起来,别让毒气再继续蔓延!

生化危机

延伸阅读

　　生物武器是指以生物战剂杀伤有生力量和破坏植物生长的各种武器、器材的总称。它是一种能使众多人、畜和农作物等患病乃至死亡的一种特殊武器。它和常规武器、化学武器、核武器并称为四大武器系统。它总会引发瘟疫，所以被称为"地狱瘟神"。

　　《生化危机》是一部电影的名字，它讲了一个貌似很荒诞的故事：科学家的错误导致了很多古怪的生物出现，它们占领了城市，破坏了地球家园。这种电影里的艺术想象会成为现实吗？或许，真的有一天会发生这样的事。

　　全球暖化导致暴雨、雪灾、台风、干旱、地震、酷暑等极端天气更加强烈和频繁地出现。

　　1. 冰川古老病毒的释放将成为恐怖的灾难。

　　全球变暖正促使极地冰川融化，在即将融化的古老冰层中所隐藏的病毒种类相当的繁杂，如各种怪异的流感病毒、骨髓灰质炎病毒、天花病毒等。沉睡在冰川之中的古老微生物一旦随冰川的融化被释放出来，会给对此毫无抵抗力的人类沉重一击。

2.全球气候暖化可能导致未来暴发疫情。

全球气候暖化，不但会影响天气和环境，影响季节气温和雨水分布，还会影响人类健康。温度的升高会增大流行病菌的数量和生存空间，增加疫情暴发的概率。在 14 世纪，鼠疫曾在欧洲造成数千万人死亡，使欧洲 1/3 的人口灭绝。

3.科学家研究称全球暖化可能会导致地震频发。

热浪一浪比一浪热，台风一场比一场猛，海平面越来越高，这都是地球暖化对人类发出的警告。地震频发与地球变暖不无关系。越来越多的数据显示，全球气候变化已经影响地震、火山喷发和灾难性的海底滑坡的频率。这种现象已经在地球的历史上发生过多次，而且有证据显示它会再度发生。现在的地震活跃程度是 25 年前的 5 倍，地震的破坏力正以惊人的速度增长。

虽然上述的很多景象目前只是科学家的大胆推想，但是很多动物的变异却在不断地说明这些事并不是不可能！

战争就是毁灭

这就是战争对人类与环境造成的危害。世界上每一次战争都会对地球的生态造成无法挽回的损失。所以当务之急就是制止战争的继续,维持长久的和平!

看了以上的内容,就会发现战争对地球伤害是很大的,你一定也想过如果没有战争该有多好啊!

在 20 世纪发生了第一次世界大战和第二次世界大战后,地球上一片狼藉。人们的生活从原本的富裕一下子回到了贫穷,人类的死亡总数也过了九位数,满大街都是老弱伤残的人们、嗷嗷待哺的孩子和面目全非的建筑。当和平鸽作为和平的使者,嘴里衔着象征绿色和平的橄榄枝飞来时,人们又重新找到了温暖!

对于战争带来的后果以及对地球的伤害,人类也在无数次地反思,到底战争是对还是错,或者是有什么别的含义?

经历了战争,人类会有胜负,也不过是胜利者站在领奖台上藐视失败者,其中到底有多少正义可言,这就是另一个问题了! 但是最后的结果一定是地球上的生态环境被破坏了,人类的数量减少了。

保护地球、反对战争不仅要付诸和平行动,还要制定和平计划,尤其是各国都要遵循自己的和平承诺。在几年前举办的地球峰会中,很多国家积极地讨论未来战争对地球的影响,大家都不愿意破坏人类赖以生存的地球。

但是对战争的认识是在必要的时候还是要进行的。为什么人类的反思最终还是要有战争呢？因为这个时代面临着非常严峻的考验，地球上的资源已经很短缺，需要更多的新能量，包括一些石油、天然气或者煤矿资源，但是这些资源是地球几亿年来才形成的资源，人类不是想有就有的。这就像幼儿园中争抢吃包子的男孩子一样，必须是谁的力气大才能吃到包子。如此你争我夺地就形成了未来战争的导火线。

归根到底还是由于人类的自私才导致地球资源划分的不平等。既然大家都为地球的未来感到忧心忡忡，为什么不可以精诚合作呢！放弃以前的成见，大家都彼此友好地交流，用我们共有的热情为地球创建辉煌的明天！

生活是美好的，未来是光明的，不要什么事情都要以战争来决定胜负，因为这样只会两败俱伤。远离硝烟，远离战争！

原子弹的核威胁

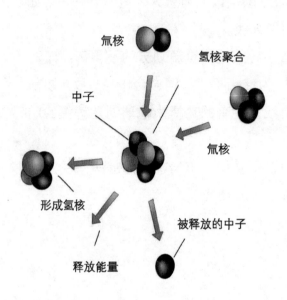

氘核

氘核聚合

中子

氚核

氚核

形成氢核

被释放的中子

释放能量

原子弹是对人类威胁最大的核武器，由原子弹所引发的核辐射还会对自然环境造成无法愈合的创伤！在20世纪后期军备竞赛期间，美国、苏联、法国等核大国进行了千百次大规模的地下、空中原子弹试验，释放了巨量的放射性物质，严重危害着人们的生命安全。

1944～1957年的13年间，美国中西部汉富德第2号反应堆向周围大气泄漏了大约53万居里(1居里 =3.7×10^{10}贝克勒尔)的碘[131]，附近很多居民都得了胰腺疾病甚至胰腺癌，牲畜也生出大量有缺陷的后代。

1949年8月29日，一颗原子弹在哈萨克斯坦大平原上空爆炸，之后苏联在此地进行了一系列核试验，生态系统遭到了严重的破坏，牧民们也受到了辐射，一些新出生的孩子不断地出现新的遗传疾病和生理缺陷。

这些触目惊心的事实告诉我们，为了人类与地球的未来，消灭核武器刻不容缓！

小小检测员

大家想过超市里出售的矿泉水和家里的自来水有什么不同吗？我们做一个实验来检测二者的区别。

问题：自来水、矿泉水、纯净水有什么差别？

材料：烧杯、蜡笔、尺子、pH试纸、量筒、自来水、矿泉水、纯净水。

实验步骤：

第一阶段

1.准备好观察、记录用的笔记本。

2.找三个烧杯，分别装入100毫升的自来水、矿泉水和纯净水，并贴上标签。

3.观察这三种水，看看哪一种水最浑浊，并记录下来。

第二阶段

1.找三支试管，分别装入三种水，贴上标签。

2.用pH试纸测试三种水的pH值，记录下来，填入表格。

第三阶段

品尝三种水的味道，并记录填表。

分析与结论：

1.观察你的记录，在浑浊程度这一项做比较。

2.观察它们pH值的大小。

3.观察它们的肥皂泡程度。

4.品尝它们的味道并分析：水质的好坏都有哪些标准？哪些水最适合日常生活用？

66

●昨天的报纸

●和平日

第5章
处理生活垃圾

　　每天垃圾清运车都能在城市中收集到数以吨计的垃圾废物，将它们堆积到一起就像一座小山那么高。放眼望去，尽是垃圾山与垃圾海，这些人类的丢弃物严重破坏了自然环境，成了地球上难以解决的问题。

调查垃圾最多的地方

课题目标

  发挥你的观察天赋,调查你居住的地方哪里垃圾最多,并身体力行地实施你的环保小建议。

  要完成这个课题,你必须:

  1.和家长、老师或者好朋友一起合作。

  2.需要了解垃圾的分类。

  3.提出处理垃圾的合理建议。

  4.身体力行,和朋友们一起做环保小卫士。

课题准备

  可以与你的好朋友一起上网了解相关知识,了解垃圾的危害。可以和朋友们一起到废品回收站了解相关知识。

检查进度

  在学习本章内容的同时完成这个课题。为了按时完成课题,你可以参考以下步骤来实施你的侦探计划。

  1.在居住的地方广泛观察。

  2.找出垃圾最多的地方。

  3.找出这些地方哪种类型的垃圾最多。

  4.大胆设想出合理处理这些垃圾的方法。

总结

  本章结束时,可以和你的伙伴们一起向父母、老师展示你们的调查成果。

美丽地球
少年环保科普丛书

垃圾！垃圾！

在中国，垃圾包围着城市，这绝不是危言耸听。只要你留心，就会在大街上、闹市中、广场上、公园里看到面包皮、食品袋满地都是。可怜的大地上，已经不能再承受过多的负担，地球的呼吸已经开始变慢。

城市垃圾的成分非常复杂，其中有机物容易变质腐烂发出恶臭，招引和孳生苍蝇。一些疾病患者用过的废弃物品，乃至于排泄物等，如果随意堆放和无人处理，这些物品中的病原微生物有的就会随着雨水渗入地下，污染地下水源，有的则会飘到空中，污染大气，造成传染病的传播和流行，从而导致更大的危机！由此可见，乱丢垃圾是多么可怕的一件事情！

虽然现在的广播等媒体一再强调让人们不要乱扔垃圾，但认真去做的人不是很多。在每一天，都有许多环卫工人在默默地辛苦工作，很多人

当人们还在睡梦中的时候，环卫工人就已经穿好衣服，带上工具，为大家清理街道了。夏天头顶烈日、汗流浃背，冬季忍受寒冷，清扫桥面或街道就要付出更大的辛苦。他们的辛苦劳动应当受到我们每一个人的尊敬。人人自觉讲文明，处处都要讲卫生，不能随处乱扔垃圾或烟头，不该随地大小便，以尽量减轻环卫工人的劳动强度。

认为这是工人们应做的事情，但是却不知道这些工人们是在为保护地球进行着很大的努力！在一条干净的马路上行走，人们会感到心情愉悦，可是，如果走在满是垃圾的道路上，人们又会做何感想呢？垃圾的一些不可回收的物品随着城市发展大幅度增加，日积月累，占用了大量的土地。在许多城市中，这些垃圾形成了垃圾包围圈。处理这些"包围圈"得花费大量的财力、物力，造成了许多不必要的浪费。最可怕的是那些具备放射性的垃圾，在土壤中没有人处理，会慢慢地改变土质，污染环境，影响人类的健康。

各国处理垃圾的方法

当务之急就是要妥善处理垃圾,还人们一个绿色生态的城市。先让我们看一看其他国家是如何处理城市垃圾的。

美国人：在垃圾桶里觅食

美国有一群"不消费主义者",他们主要依靠捡人们扔掉的食品过活。他们这样做不是因为穷困潦倒被逼无奈,而是因为他们的环保理念。他们不购物(包括食物)、不开车、不买房,甚至放弃稳定的工作,尽可能地不消耗资源,靠着极为有限的资源生活,以减少对地球环境的影响。

芬兰：人人都要学会"捡垃圾"

芬兰人外出时习惯将家里积攒起来的旧报纸、空玻璃瓶和旧衣服顺手放到分类回收箱中,或直接送到赫尔辛基的 3 个垃圾处理中心的废物分类回收点。芬兰小孩最重要的学习内容之一,就是如何把垃圾分为有色玻璃、无色玻璃、废纸……然后在不同时间投放到不同颜色的垃圾箱,等待清洁公司上门处理。

德国人：开着奔驰、宝马扔垃圾

德国人很注重城市的卫生环境,从 20 世纪 70 年代开始,就有人主动将垃圾送到垃圾处理场。几十年来,人们已经养成了一种习惯:很多居民开着奔驰、宝马、雷诺等豪车,载着家人一起去扔垃圾。有的人将垃圾装在大纸盒里,从汽车后备厢里拖出来,有的人则专门在汽车后面加挂了一辆装着垃圾的小拖车。他们

延伸阅读

你知道吗？我们平常使用的废旧电池也会对环境造成污染！调查表明,一颗纽扣电池弃入大自然后,可以污染 60 万升水,相当于一个人一生的用水量。纽扣电池含有汞,进入土壤或在下雨之后进入地下水,再通过农作物或饮水进入人体,损伤人的肾脏。

认为这样做会让垃圾场工作人员的工作变得轻松一些。

加拿大人:把垃圾分类送出门

加拿大没有废品回收站,他们实施的是全民垃圾处理制度。市政府免费派发垃圾箱到各家各户,大家自动将垃圾分类。在指定的垃圾回收日,各家各户按时将相应的垃圾箱放到人行道旁。如果是大件的包装纸箱就先拆开,然后用绳索扎好,以方便工人收集。

日本家庭主妇:最佳垃圾分类人群

如果要颁"最佳垃圾分类人群"奖的话,日本的家庭主妇当之无愧。她们把垃圾处理与资源环境保护相结合,广泛宣传,从娃娃抓起,不怕繁琐,逐一分类。日本逐步从混合垃圾焚烧处理过渡到分类垃圾焚烧,控制了二噁英的生成和排放。同时,她们还发明了碳化、熔融等多种与垃圾热转换相关的新技术、新工艺。

法国人:物品互送和再次利用

法国人有追求时尚、更换物品的习惯。但现在与过去扔弃旧物品的方式不一样了,比如他们会将一些家具、家用电器等放到临街显眼处,供路人拣拾再用;把一些图书、旱冰鞋、皮箱和滑雪板等放在同楼的停车库出口处让邻里选取;把一些洗得干干净净的儿童服装送到妇幼中心,供来此为儿童注射疫苗的家长选择。物品的互送和再次利用,节约了资源,减少了垃圾。

去扔垃圾。

干什么去啊,杰克?

生活垃圾的分类

垃圾可以分为以下几个大类:

矿业废物	废矿石,尾矿,金属,废木,砖瓦等
工业废物	煤炭,食品加工,石油化工,电气和仪表仪器,纺织业等产生的工业废物
城市垃圾	居民垃圾,生活垃圾
农业废物	农业,林业等产生的废物
放射性废物	核工业,核电站,放射性医疗单位,科研单位等产生的放射性废物

随着我国社会经济的快速发展、城市化进程的加快以及人民生活水平的不断提高,城市生产与生活过程中产生的垃圾也在不断增加,生活垃圾对环境的污染以及对人们健康的潜在影响也越加明显。

生活垃圾分类	内容	处理方法
可回收垃圾	纸类、金属、塑料、玻璃等	通过综合处理回收利用，可以减少污染,节省资源
厨房垃圾	剩菜剩饭、菜根菜叶等	经生物技术就地处理堆肥,每吨可生产0.3吨有机肥料
有害垃圾	废电池、废日光灯管、废水银温度计、过期药品等	需要特殊安全处理
其他垃圾	砖瓦陶瓷、渣土、卫生间废纸等难以回收的废弃物	卫生填埋

塑料:如塑料袋、塑料包装、快餐饭盒、塑料杯(瓶)、冷饮包装袋等。

危害:难以分解,破坏土质,使植物生长减少30%;填埋后可能污染地下水;焚烧时会产生有害气体。

电池:如纽扣电池、充电电池、干电池。

危害:纽扣电池含有有毒重金属汞,充电电池含有有害重金属镉,干电池含汞、铅和酸碱类物质等对环境有害的物质。

剩餐:如与垃圾或快餐盒倒在一起的剩饭。

危害:大量孳生蚊蝇;促使垃圾中的细菌大量繁殖,产生有毒气体和沼气,会引起垃圾爆炸。

油漆和颜料:如建筑、家庭装修后的废弃物。

危害:含有有机溶剂的油漆可引起人头痛、过敏、昏迷或致癌;是危险的易燃品;颜料中多含重金属,对健康不利。

清洁类化学用品:如去油、除垢、光洁地面、清洗地毯、通管道等化学制剂,空气清新剂、杀虫剂、化学地板打蜡剂等。

危害:含有机溶剂或在大自然中难以降解的石油化工产品;具有腐蚀性;含氯元素(如漂白剂、地板洗剂等),对人体有毒害;含破坏臭氧层物质;杀虫剂中,约有50%含致癌物质,有些可损伤动物肝脏。

垃圾桶　　垃圾桶　　垃圾桶

变废为宝

巧用蛋壳,变废为宝

清洁热水瓶:热水瓶中有了污垢时,放入一把捣碎的蛋壳,加点清水,左右摇晃,可以去垢。

除水壶中的水垢:烧开水的水壶常会有一层厚厚的水垢,坚硬难除,只要用它煮上两次鸡蛋壳,即可全部去掉。

垃圾本身是生活的一部分,它们不是完全没有用的,因为放错了的宝贝也叫做垃圾。所以只要把垃圾进行合理的利用,并且加以开发,完全可以实现变废为宝的转化。我们来看看这些垃圾可以转化为什么宝贝吧!

哪些废料可制造建筑材料?

1.用回收的旧玻璃瓶制玻璃砂。加拿大的VEG 公司利用一种新发明的玻璃粉碎机,将回收的旧玻璃瓶,包括瓶盖、标签等,研制成细粉状,制成了用途广泛的玻璃砂。这种玻璃砂的质量比喷砂机所使用的砂料更优越,硬度更大,它与混凝土和颜料混合起来,能制成屋瓦和新型净水设备的内胆。用它制成的过滤器,过滤效果比用砂或活性炭制成的好,并因为它是用能再生的产品去再生水,故受到环境保护者的青睐。

2.用塑料垃圾铺路。芬兰国家公路研究中心将塑料垃圾,如各种塑料包装等,掺入沥青中,用来铺设公路。其方法是:先将塑料杯、袋、瓶等废料粉碎,加热后用溶剂处理,然后将制得的物质添加到沥青中,其比例可占到 30%。铺成的道路不仅更具有弹性,而且与车轮摩擦产生的噪声也更小。目前,芬兰用塑料垃圾来铺路,已在两段公路上试用成功,他们正准备进行更大规模的试验。

3.将废弃混凝土再生使用。日本水泥协会和东京大学工程学院共同开发出废弃混凝土再生使用的新技术,再生混凝土的寿命与普通混凝土大体相同。使用这种废弃混凝土制成再生混凝土时,不需要用碎石作骨架,仅采用组成水泥的成分作材料,再生时,可全部用来制造水泥或混凝土。这不仅能有效地解决混凝土的废弃问题,而且能减少因采石而给自然环境造成的破坏。

4.用废旧轮胎吸收噪音。法国巴黎的 ACIAL 公司,将许多半个废旧轮胎装入特制的金属箱内,可吸收噪音,减少环境噪音的危害。装许多半个废旧轮胎的金属箱,对着噪音的那面由穿孔的金属薄片制成,它能将噪声声波汇聚到由半个轮胎组成的内壳表面上。此内壳表面可将噪声声波减弱或吸收。该降噪装置对交通繁忙地段 250~2000 赫兹噪声的吸收量,最多可达85%。

哇!原来垃圾可以有这么广泛的用途,我们必须要重视了!

垃圾的处理方式

如何处理这些垃圾呢？对于某种废物应选择哪种最佳的、实用的方法与诸多因素有关。虽然有许多方法都能成功地用于处理各种垃圾，但常用的处理方法仍归纳为物理处理、化学处理、生物处理、热处理。

物理处理：物理处理是指通过浓缩或相应的变化改变固体废物的结构，使之成为便于运输、贮存、利用或处置的形态，包括压实、粉碎、分选、增稠、吸附、萃取等方法。

化学处理：化学处理是指采用化学方法破坏固体废物中的有害成分，从而使其达到无害化，或将其转变为适宜于进一步处理、处置的形态。其目的在于改变它的化学性质，从而减少它的危害性。这是危险废弃物最终处置前常用的预处理措施，其处理设备为常规的化工设备。

生物处理：生物处理是指利用微生物分解固体废弃物中可降解的有机物，从而使其达到无害化或综合利用的目的。生物处理方法包括好氧处理、厌氧处理和兼性厌氧处理。与化学处理方法相比，生物处理一般比较便宜，应用普遍，但处理过程所需的时间长，处理效率不够稳定。

热处理：热处理是指通过高温破坏和改变固体废弃物的组成结构，从而达到减容、无害化或综合利用的目的。其方法包括焚化、热解、湿式氧化以及焙烧、烧结等。热值较高或毒性较大的废弃物采用焚烧处理工艺进行无害化处理，并回收焚烧余热用于综合利用以及洗浴、生活等，以减少处理成本和能源的浪费。

各种处理方法都有其优缺点和对不同废弃物的适用性。由于各种废弃物所含组分、性质不同，很难有统一模式。根据废弃物的特性可选用适用性强的处理方法。

简易笔筒小制作

现在教大家变废为宝,用牙膏盒做个简易笔筒。

工具、原料:牙膏盒、裁纸刀(剪刀)、橡皮筋。

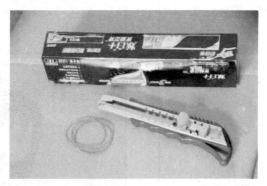

步骤、方法:

1. 在牙膏盒的 1/3 处将其裁开,形成一大一小两个盒子。

2. 底部持平,用橡皮筋把一大一小两个盒子固定起来。

怎么样? 很简单吧! 把笔筒放在桌边,可以放一些小东西哦!

● 垃圾换钱

打扫卫生了吗?

我把垃圾都卖掉了。

垃圾还能卖呀?太好了!

你的玩具我都给你卖掉了!

● 没用的东西

没用的东西就是垃圾。

垃圾要不要扔掉?

我抗议扔垃圾!

虽然我很没用!

第6章
合理控制人口

在最近几十年中，人类的数量成倍地递增，世界人口达到 70 亿。这就使得地球的自然资源逐渐不能满足人类的需求了，如此下去，在自然资源被耗尽之后，人类将无法继续生存，所以，如何合理控制人口成了当务之急。

调查你的家族有多少亲戚

课题目标

发动你的家人和亲戚,看看你的家族共有多少人员,家族中的每户家庭都有多少子女。

要完成这个课题,你必须:

1. 需要了解家里的亲戚都有哪些人。
2. 分清楚近亲与远房的表亲。
3. 数一数跟你有血缘关系的人有多少个。

课题准备

可以与你的好朋友讨论一下彼此的亲人、姓氏、籍贯等等,可以在网络上了解你的姓氏来历,并了解在中国有多少人和你是同一个姓氏。

检查进度

在学习本章内容的同时完成这个课题。为了按时完成课题,你可以参考以下步骤来实施你的调查计划。

1. 看看你的姓氏在百家姓中排第几位。
2. 看一看家谱,有多少人登记在册?
3. 数一数和你有血缘关系的人有多少。
4. 认识他们每一个人。

总结

本章结束时,可以和你的伙伴们一起向父母、老师展示你们的调查成果。

人口爆炸

人口爆炸论很早就已经被提出了。人类的数量越来越多，而地球承受的能力是有一定的限量的，如果超过了这个量，地球就会危险。

近代人口迅速增长的原因是：生活条件和医疗技术全面改善，死亡率下降，人类平均寿命不断提高。目前世界人口有50%在25岁以下，这种年龄结构属于典型的增长型，它决定了人口在今后相当长的时期内会保持增长势头。由于地球的空间和资源都有限，控制人口实为刻不容缓的任务。

地球所能供养的人口数量称为人口的环境容量或者承载力。承载力是一个较难确定的指标。据科学家的分析，悲观估计数量最低为5亿，是现在人口的7%；乐观的估计人口数量为150亿。人口的过多增长对资源和环境具有深刻的影响。近年来人们已经开始研究人口的激增所造成的对工业、农业、资源和环境污染的影响，进入20世纪90年代以来世界才更为重视人口问题对全球变化的影响。

人口增长对森林资源的影响：森林生态系统是地球上具有初级生产力的最主要的生态系统，然而也是最脆弱的生态系统，地球上人口的增长对森林资源造成了极大的破坏。

看到了吗？这就是人口增多造成的景象。这么多人挤在一起，真的令人感到窒息呀！控制人口增长是解决地球环境危机的最简单、最直接的方法，让我们来一同努力吧！

人口增长对土地资源的影响：近年来世界人口的急剧增加，使土地资源的破坏和丧失状况十分严重。其中与人类关系最大的是可耕地，全世界可耕地只占陆地面积的10％，而且各个国家的分配是不均衡的，如美国占20％，中国占10.4％等。

　　人口增长对能源的影响迅速增加，在20世纪70年代已经出现了能源危机。

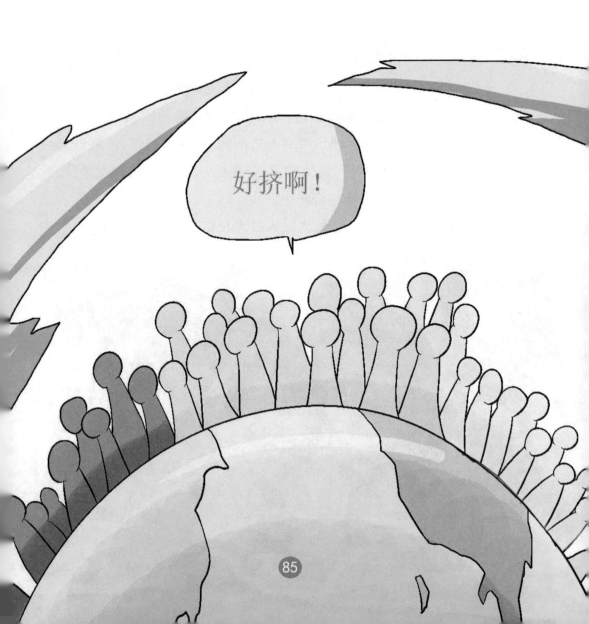

中国做出的努力

中国是世界上人口最多的发展中国家。人口众多、环境承载力较弱是中国现阶段的基本国情,短时间内难以改变。人口问题是中国在社会主义初级阶段长期面临的问题,是关系中国经济社会发展的关键性因素。为了改变这一现状,中国政府坚持人口与发展问题综合决策,将人口发展纳入国民经济和社会发展的统筹规划中,努力使人口发展与经济、社会发展相协调,与资源利用和环境保护相适应。

自 20 世纪 90 年代以来,中国政府每年都要召开人口、资源、环境工作专题座谈会,统筹考虑,协调部署,动员全社会力量,采取法律、引导、经济、行政等多种措施综合治理和解决人口问题,把发展经济、开展计划生育、普及教育、提高健康水平、消除贫困、完善社会保障、提高妇女地位、建设文明幸福家庭等工作紧密结合起来。

1949 年新中国成立时,中国大陆人口为 5 亿 4167 万人。由于社会安

定、生产发展、医疗卫生条件改善，使得人口迅速增长，到 1969 年已达到 8 亿零 671 万人。从 1969 年开始，中国政府越来越深刻地认识到：人口增长过快不仅对经济、社会发展不利，还会对居民的就业、住房、交通、医疗等方面造成极大的困难；如果不能有效地遏制人口的过快增长，不能缓解人口增长对土地、森林和水资源等构成的巨大压力，那么未来几十年后的生态和环境恶化将不可避免，这无疑会危及民众起码的生存条件和社会经济的可持续发展。于是，中国政府告诫民众国家大、底子薄、人口多、耕地少是基本国情，决定实行计划生育、控制人口增长的政策，以促进人口与经济、社会、资源、环境的协调发展。这一政策实施后，人口出生率逐年下降。第六次人口普查的数据显示，与 2000 年 11 月 1 日 0 时的 12 亿 6588 万人相比，10 年共增加 7390 万人，增长 5.83％。平均每年增加 739 万人，年平均增长率为 0.57％，已属世界上人口增长最慢的国家之一。

延伸阅读

目前世界人口已经突破了 70 亿人的大关，到 2050 年，全球人口数目将从现在的 70 亿人上升到 90 亿人。据俄罗斯《晨报》报道，许多科学家认为，150 亿人口是地球的极限，除非立即采取行动控制人口的增长速度，否则地球资源将面临一场浩劫。

提高国民素质

总结

学习了本节知识,通过亲身的经历,你觉得提高国民的素质应该从哪些方面着手呢?把你想到的点子写下来,和大家讨论一下,听听大家的意见吧!

保护地球,首先应对人类进行自我管理,进而做出约束。这就需要提高国民素质。

我国总人口到 21 世纪 30 年代中期将达到峰值 15 亿左右。国家卫生和计划生育委员会发布的报告透露,未来十几年,我国人口多、底子薄、人均资源相对不足的基本国情将不会有根本改变。根据预测,未来十几年,我国人口总量仍将保持持续增长的态势,预计每年净增人口在 800 万~1000 万人之间。虽然我国目前已经进入了低生育水平国家的行列,但由于人口基数大,人口低增长率与高增长量将长期并存。

我国人民的素质水平比起先进国家还有一定的差距,这从城市的环境与卫生条件就可以看出来。欧美发达国家的街道比较干净,人们自觉地不乱倒垃圾,不随手丢废弃物。相比起来,我国还处在环保的初级阶段,人们经常在垃圾筒附近乱丢垃圾,国民素质亟需提高!

提高国民素质,首先要加强人们的环保意识。爱护地球不能光停留在嘴上,而是要采取实际行动。环境污染和生态破坏随处可见,让人看了寒心,急需进行环境教育。

提高国民素质最重要的途径是教育。要重

视素质教育,把传统的单纯灌输型教育转变为让学生自己动手、探究、创新的综合教育,重视学生的全面发展,把知识教育、思想道德教育、心理素质教育和实践能力的培养有机地结合起来。要加大教育投入,重视九年制义务教育的质量,扩大高等教育,搞好成年人终身教育,抓好职业培训。尽快建立创新型社会,为广大的学生、工作人员提供良好的社会环境。继续支持贫困学生接受教育,政府要把教育工作落到实处。

只有国民素质提高,才能更好地保护地球,爱护家园!

世界各地的人口趋势

让我们来了解一下世界各地的人口增长特点。

1.发达国家人口增长率下降,而部分发展中国家人口增长率增加或者不变。西欧国家人口增长率很低,从 1980～1985 年的统计数字来看,低至 0.1%;澳大利亚和新西兰人口增长率下降很快, 由 2.3%下降到 1.3%; 北美由 1.8%下降到 0.9%,预计到 2025 年可以下降到 0.5%。与此同时,非洲国家的人口增长率却从 2.1% 升高到了 2.9% ,1990 年达到了 3.0%;印度目前人口为 8.8 亿,如果继续保持 2%的年增长率,到了 2025 年,其人口将会成为 17 亿,达到世界人口首位。

2.发达国家人口老龄化趋势升高,而发展

中国家年轻人口比例增高。人口老龄化或者人口老化现象目前正处在发达国家和地区。在日本,2000年老年人的人口增至20.4%,就是说5个人中间就有1个是老年人。全世界老年人口已经超过了3亿,预计2025年将增至11亿。

3. 城市人口不断膨胀。随着工业化社会的到来,农村人口不断地向城市转移,使得城市人口急剧增加。在墨西哥的墨西哥城,20世纪初只有30万人口,1960年增至480万,1980年达到1200万~1800万,约占全国人口的1/4。

4. 能源为人类生产生活所必需,随着人口增加和经济发展,人类对能源的需求量越来越大。20世纪60年代以后,发达国家能源消耗年均增长率为4%~10%,出现了能源危机。现在能源危机已成为一个世界性的问题。为了满足人口和经济增长对能源的需求,除了矿物燃料外,木材、秸秆、粪便等都成了能源,给生态环境带来了巨大的压力。

从人口资源的利用角度来说,人口的减少一定会使地球资源的消耗有所减少,所以合理地控制人口是发展中国家要做的头等大事。

知识小复习

看过了本章关于人口状况的介绍，想必大家心中已对世界人口的相关知识有所了解。这里问几个问题，你能回答上来吗？

1. 目前世界的总人口是多少？

2. 世界上人口最多的是哪个国家？这个国家的总人数是多少？

3. 为了控制人口增长中国实施了怎样的政策？这些政策的效果如何？

这些问题都可以从本章的知识中找到，你找到了吗？

控制人口的最佳方式是提高国民的综合素质，这就是为什么发达国家的人口数量会出现负增长。

人口发展史

古代人的生存条件十分恶劣，人们的寿命普遍较短；尽管当时出于战争和生产需要，统治者大力鼓励生育，人们也愿意尽量多地生育，但由于医疗卫生条件太差，能够存活下来的婴儿有限。

在两次世界大战时期及以前，战争频繁，人类社会的劳动生产力低下，医疗卫生条件恶劣，尽管当时的人们没有节制生育的理念，但世界整体的人口增长却比较缓慢。自第二次世界大战后至今，世界人口迎来了一个高速增长的时期。由于近代生活条件和医疗技术全面改善，死亡率下降，人类平均寿命不断提高，使得人口数量急剧增长。

以前是鼓励人口增长，经过数十年，人们突然发现，地球上几乎已经到了人满为患的地步：人太多了，又引发"人口危机"。

我们无污染！

小区人口普查

你所在的居住地区有多少人,你知道吗?让我们来做一个小型的人口普查吧。

首先,你要制定调查的范围:你所居住的一栋楼、一个村庄或是一个小区。

然后,制定一份表格如下:

姓名	年龄	性别	民族	婚姻状况	家庭成员	共计
张三	42岁	男	汉	已婚	妻子、儿子、女儿	4人
李四	20岁	男	汉	未婚	父、母	3人

制定好表格之后,请把它发给你所在小区的居民填写,填好以后把表格收回,然后整理出来:

1. 小区(楼栋、村庄)中共有多少人?

2. 小区(楼栋、村庄)中有多少男性,有多少女性?

3. 小区(楼栋、村庄)中汉族有多少人,其他民族有多少人?

4. 小区(楼栋、村庄)哪种姓氏最多,共有多少人?

●人口增长太快

中国有多少人？这题这么简单还答错！

不是12亿而是13亿人口！

真是笨死了！

前年答12亿就是对的，谁知道人口会增长这么快！

●中国人口

中国人口是多少人？

70多亿啊。

这是目前世界人口总数。答案错误！

也许将来有一天，中国人口会达到70亿的。

● 小区多少人

● 吃了秤砣铁了心

第 7 章
保护生物多样性

　　人类并不是孤单地生活在地球上的，在我们的身边有许多和善的动物伙伴，比如奔跑的羚羊与飞翔的小鸟，也有许多可怕的生物徘徊在我们周围，比如海上的鲨鱼与草原上的猎豹。这就是地球生物的多样化。试想，如果它们都灭绝了，我们人类将会多么孤单。

在你的生活中出现过多少生物?

课题目标

发挥你的观察能力，找出在你的生活中出现过多少种生物，把它们记下来。

要完成这个课题,你必须:

1.用心观察日常生活中的一切事物。

2.需要知道身边的动物的名称是什么。

3.最好能实地观察这些动物。

4.想一想这些生物与你的关系。

课题准备

与你的好朋友一起在家的附近观察那些与我们亲近的动物,了解它们的生活状态与习性。

检查进度

在学习本章内容的同时完成这个课题。为了按时完成课题,你可以参考以下步骤来实施你的调查计划。

1.观察生活中的动物。

2.了解这些动物的生存状态。

3.了解濒危生物濒临灭绝的原因。

4.实施行动,做个生态环境保护小达人。

总结

本章结束时,可以和你的侦探团成员一起向父母、老师展示你们的调查成果。

生态平衡

延伸阅读

我国曾在20世纪50年代发起把麻雀作为"四害"来消灭的运动。几年后,麻雀被大量捕杀了,但接踵而至的虫害使农业生产受到了巨大的损失。后来人们发现,麻雀其实是吃害虫的好手,消灭了麻雀,害虫没有了天敌,就大肆繁殖起来,这才导致了虫灾发生、农业损失等后果。

在我们生存的自然界中,花是花,鱼是鱼,貌似两者之间一点关系也没有,但事实并非如此。那些森林、草原与湖泊都是由生物成分与非生物成分构成的。生物成分包括:动物、植物、微生物等;非生物成分包括:光、水、土壤、空气、温度等。这些成分是相互联系、相互制约的统一综合体,并不是表面上看到的那样是孤立存在的。它们之间通过相互作用达到一个相对稳定的平衡状态,这种状态就叫作生态平衡。

自然界中的每一种动植物都在发挥着它

树林食物网

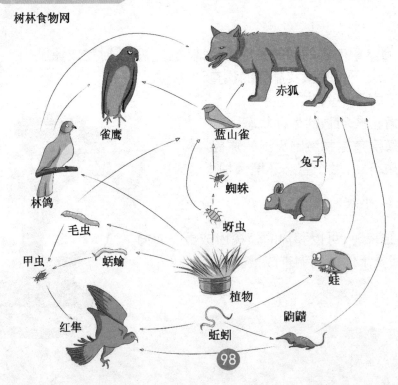

赤狐　雀鹰　蓝山雀　兔子　林鸽　蜘蛛　毛虫　蚜虫　甲虫　蛞蝓　蛙　植物　鼩鼱　红隼　蚯蚓

98

独特的作用,所以任何生物都有它存在的道理。它们的作用很大,但是人类以为自己强大而忽略了这些动物的贡献。

我们来举例说明:水塘里的鱼是靠吃浮游生物而生活的,但鱼死后,水里的微生物会把鱼的尸体分解为化合物,它们又成为浮游植物的食物,浮游动物靠着浮游生物为生。这样子,微生物—浮游动植物—鱼形成了一条完整的食物链,这就是建立了一定的生态平衡。

那么生态平衡是受哪些因素影响的呢? 影响生态平衡主要为自然因素和人为因素两种。自然因素包括:火山爆发、地震、泥石流等;人为因素包括:过度开发、放牧,乱捕滥杀等。而生态平衡的破坏,主要是由人为因素造成的。

生态平衡是一种动态平衡,在这种平衡系统的内部时时刻刻发生着各种物质循环和能量流动。虽然这种平衡系统对外界的干扰相当敏感,但不是说人类不能利用环境。为了更加有利于自己的生存,改造环境,建立新的平衡,我国的珠江三角洲一带的"桑基池塘",使桑、蚕、鱼的生产相互促进。这样子,更好地利用自然才能保持生态平衡!

受人类对环境的破坏与栖息地的丧失等因素的影响,地球上濒临灭绝生物的数量正在以惊人的速度增长。在工业社会以前,鸟类平均每300年灭绝1种,兽类平均每8000年灭绝1种,自从工业社会到来以来,地球物种灭绝的速度已经超出自然灭绝率的1000倍。全世界1/8的植物、1/4的哺乳动物、1/9的鸟类、1/5的爬行动物、1/6的两栖动物、1/3的鱼类都濒临灭绝。

动物和人类和平共处

延伸阅读

思考一下，在你的生活中是否能看到人类与动物和谐相处的场面？试着把它写下来。在写之前，你需要知道：

1. 这些动物的形态、特征与生活习性。

2. 人类是如何与这些动物和谐共处的？

3. 人类与动物是如何相互影响、相互制约的？

人类要与动物和平共处，首先要保护野生动物。野生动物是一种珍贵的自然资源，是人类的宝贵财富。野生动物为我们提供了大量的食物、医药以及皮革一类的工业原料；渔业发展离不开水生动物，它们又是我们生活中动物蛋白质的重要来源；如果没有益鸟、益虫的帮助，农业生产也难以正常进行。为人类提供肉食和奶类的家禽、家畜只有几十种，而地球上的动物种类至少有 100 万种，它们为我们提供了能充分开发利用的资源。野生蛤蟆由于肉味异常鲜美，成为了智利人民的佳肴；中美洲和南美洲出产的水豚，可以养到猪一般大，成了委内瑞拉人民食用的牛肉的代用品。丰富多彩的野生动物是一个庞大无比的天然基因库，它可以为我们培育新品种，提供多种多样的自然种源。许多野生动物还是仿生学研究的起点,如响尾蛇导弹,就是人们受响尾蛇用热定位器捕捉猎物的启发,研制成的一种红外制导导弹。有些动物如大熊猫、扬子鳄等被称为活化石,对研究生物进化有着重要的意义。

野生动物是大自然的产物,自然界是由许许多多复杂的生态系统构成的:一种植物消失了,以这种植物为食的昆虫就会消失;某种昆虫没有了,捕食这种昆虫的鸟类将会被饿死;鸟类的死亡也会对其他动物产生影响。所以,野生动物的大量毁灭会引起一系列的连锁反应,从而产生严重的后果。

现在,许多野生动物面临绝种的危险。森林被毁使它们丧失了栖息地;环境污染又给它们带来死亡的阴影;还有人类的大量捕杀,使许多珍贵物种濒临灭绝。据报道,欧洲大雷马正在急剧衰落,美洲白鹭只剩下几十只,非洲犀牛濒临灭绝,澳洲鸭嘴兽所剩无几,阿拉伯长角羚羊已接近绝种,鲸类正苟延残喘,夏威夷雁也大量减少。

现在,保护野生动物已受到世界各国的重视。我国政府早在1962年就颁布了《关于积极保护和合理利用野生动物资源的指示》,并且建立了多个自然保护区,这将对野生动物资源起到很好的保护作用。

保护大自然的法律

大自然是动物们的故乡，同时也是动物们的乐园，只有保护了大自然，才有望更好地保护动物。除了依靠人们的道德自律来保护大自然之外,还要运用法律的手段保护大自然。

保护大自然的规定也叫作环境保护法。它是国家为了保护环境和自然资源,防止污染和其他公害而制定的所有法律规范的总称。

18世纪末、19世纪初产业革命蓬勃发展，社会生产力得到了很大的提高,但也使大气污染和水污染日趋严重,甚至威胁到了大自然的生态环境。20世纪后,化学和石油工业的发展对环境的污染更为严重。一些国家先后采取了立法措施,以保护人类与动物赖以生存的生态环境。一般先是地区性立法,后发展成全国性立法,其内容最初只限于工业污染,后来发展为全面的环境保护立法。随着全球性的环境污染和破坏的不断发生,《国际环境法》应运而生。

环境法以法律手段保护人的生存环境,主要是指自然环境,也包括人们劳动创造的生存环境。自然环境主要是指土地、大气、水、森林、草原、矿藏、野生动植物、自

然保护区、自然历史遗迹、风景游览区和各种自然景观等；人造环境是指运河、水库、人造林木、名胜古迹、城市和其他的居民点等。有了环境法，就可以对那些破坏环境的集体或者个人予以制裁，使环境保护工作顺利进行。

环境法规定了人们在利用自然资源、防止污染和其他方面公害时应遵循的行为规则；规定他们在这方面的权利和义务，规定保护环境的措施，规定国家管理环境的制度和机构。国家通过制定各种环境法规，建立起完善的环境保护法律制度，并且严格地贯彻执行，从而达到保护和改善环境的目的！

延伸阅读

中国非常重视环境保护立法工作。《中华人民共和国宪法》明确规定："国家保护和改善生活环境和生态环境，防治污染和其他公害。"《中华人民共和国刑法》将严重危害自然环境、破坏野生动植物资源的行为定为危害公共安全罪和破坏社会主义经济秩序罪。

巴西特有的蓝色金刚鹦鹉是偷猎者袭击的对象之一。由于天然食物日益减少和走私等原因，目前它已成为巴西面临绝种危险性最大的禽类之一。

巴西环境和再生自然资源局专门成立了蓝色金刚鹦鹉保护委员会，研究制定了保护措施。在该机构的努力下，野生蓝色金刚鹦鹉已经从1999年的170只增加到了246只。

截断罪恶之源

延伸阅读

去搜集一些有关野生动物被买卖交易的情报,可以在离家比较近的动物交易市场看看,听一听那些卖家与买家的对话。

收集好资料可以写一份调查报告,然后和同学们交流一下对动物买卖的看法,然后大家一起讨论出一个合理的解决方法。

在今天这个复杂的社会中,人们往往会为了满足自己的欲望而你争我夺。人和人之间斗争,人和动物之间也展开了斗争,但是动物往往被人类的火药枪炮打倒。人之所以和动物争斗就是因为动物身上有许多的好处,这些好处可以归结为"利益"两字。动物身上的皮毛、肉,包括一些动物的内脏,如蛇胆、熊胆之类,这些东西都在医药中起到很重要的作用。

动物们渐渐地被人们消灭了,自然界的生态平衡被破坏了。保护动物不被一些不法的投机分子猎取是我们所要做的事情,只有让这些隐形的黑手暴露在光天化日之下,才能够挽回许多珍稀动物的生命。

罪恶之源往往是有人买,然后才有人去贩卖。为什么说没有需求就是最好的结果呢?因为如果没有了买卖,就不会有杀戮,盗猎者也就不会为了利益而费尽脑汁残忍地杀害动物。

那些需要动物身体的消费者大体上有两种。第一种消费者多是暴发户的心态,他们为了炫耀自己,不惜重金把一些用动物的皮毛做成大衣穿在身上,他们根本就不知道真正的高贵不是非要穿着稀有动物的皮毛,而是要靠着自身的修养和素质才能体现的。第二种消费者是一些封建思想比较重的守旧派,他们总以为某些动物的器官有着很神奇的功效,能够使人起死回生,这是因为他们的知识面狭窄,其实一些药物可以完全代替动物的器官,而且也能起到一样的收效,不需要为此大费周章。

中国境内的"非典"流行,源于广东河源县。尽管尚未确证"非典"来自何种动物,但有证据表明:广东最早出现"非典"症状的病患,曾近距离频繁接触果子狸、蛇、鸽子、猫头鹰等动物。2003年4月16日,香港大学宣布破译"非典"病毒基因图谱并证实病毒来自动物之后,人们便一直怀疑"非典"与乱捕滥食野生动物有关。伴随着"非典"的蔓延,许多科研工作者将警惕的眼光投向了动物。疫病再次警示我们:到了必须反思国人不良饮食习惯的时候了。

乱捕滥猎和非法倒卖销售野生动物固然不对,可是那些在饭馆酒楼觥筹交错的消费者是不是就可以问心无愧呢?换句话说,消费者贪恋山珍海味的猎奇欲望给捕杀野生动物提供了事实上的支持,扮演了助纣为虐的不光彩角色。因此,联合国和西方发达国家改变了以往单纯打击偷猎行为的动物保护方式,代之以开展深入、持久和广泛的消费者教育活动,使每一个消费者都自觉规范个人的消费行为,从源头上截断盗猎者的资金渠道。

解救野生动物的行动

野生动物的命运直接取决于人类今天的认识和行动。就我国的现状而言，开展极度濒危野生动物拯救工作的主要目标是通过一系列的保护恢复措施，重点使国家级自然保护区以外的极度濒危野生动物得到有效保护和种群恢复，缓解物种濒危状况，改善其生存生长环境，促进资源的可持续发展。目前亟需开展拯救工作的内容主要包括：野外种群监测与保护、栖息地建设、人工种群扩大与野化放归。

开展野外种群监测与保护的主要措施是开展资源调查与监测、建立保护站点和建设野生动物野外救护设施。

延伸阅读

朱鹮是一种非常漂亮的鸟类，但受到生存环境恶化、天敌威胁等影响而一度濒临灭绝。后来经过我国多年的努力，朱鹮从1981年发现时的7只发展到目前，人工繁育种群和野外种群共计达1520只，并且放归自然的种群在野外成功地实现了存活、越冬和繁殖。

1.资源调查与监测：野生动物资源调查和监测是野生动物保护管理的基础。但是，由于种种原因，我国对许多珍稀濒危野生动物开展的调查工作非常有限，对许多物种的种群数量及发展趋势不了解，需要进行更多的资源调查和监测。首先要进一步完善国家林业局野生动物资源监测中心的建设，建立各省野生动物资源监测站，确定监测点，划定监测样地，制定监测技术标准，对野生动物的种群状况及其影响因素、栖息地状况及其影响因素、驯养繁育及利用状况等进行动态监测，掌握野生动物资源的消长变化趋势及影响因素，为珍稀濒危野生动物的有效保护和合理利用提供科学依据，提高我国珍稀濒危野生动物保护管理决策的科学性。

2.建立保护站点：在珍稀濒危野生动物重要栖息地，根据地理位置、保护管理机构设置状况、栖息地特点等，建设野生动物栖息地保护站和保护点。针对性地建设标桩(牌)、防护栏、巡护路、管护房等必要的基础设施，购置相关保护仪器设备，加强护林防火、病虫害防治，禁止人类破坏其种群及栖息地的行为。保护点主要以建立乡镇级野生动物保护点为重点，以配备野外监管工具和设备为主，包括野外生活装备、野外防护设备等。

3.建设野生动物野外救护施设：改善适宜栖息地、修复灾后受损生态系统、建设生态廊道和野生动物饮用水源地。

对于珍稀濒危野生动物栖息地破坏严重的区域，在强化科学管理的基础上，根据物种的生物生态学特性及栖息地现状，采取必要的生物措施，恢复其适宜的栖息环境。根据珍稀濒危物种的特殊栖息地需求，结合现有的相关科研成果，通过人工辅助措施，调整野生动物栖息地中针阔叶树种比例、群落层片组合、土壤微生物栖息地及构成等，营造珍稀濒危动物的最适栖息地。其中涉及的动物有华南虎、大鸨、遗鸥、白掌长臂猿、白眉长臂猿、黑长臂猿等。解救野生动物的办法仍有很多种，这些都需要你我的关注和帮助。

动物保护区

知识小复习

阅读了本章的知识,你一定会对保护野生动物产生浓厚的兴趣,这次我们就来做一个野生动物生存状态的调查报告。

你可以选择一种或几种野生动物来介绍给大家,比如云豹、水獭、灵猫等。在介绍之前,可以通过观察、参观、阅读相关书籍等方式尽可能多地了解这些动物,了解它们的生存状态与生活习性,然后再想想用怎样的方式来介绍它们,写完以后读给同学听。

看看下面的动物,查查资料,告诉你的好朋友吧。

环尾狐猴

狮虎兽

白虎

黑猩猩

不穿皮草倡议书

亲爱的朋友，美丽善良的朋友们：

你知道什么是皮草吗？皮草是指利用动物的皮毛所制成的服装，具有保暖的作用。您一定留意过各式各样的皮草衣物广告，它们把皮草描绘得优雅、时尚，远远超出了人类穿戴皮草是为了保暖御寒的本意。

有数据显示，在全球年产250万件的皮草中，中国消费了其中的150万件，不仅如此，人们对皮草的消费仍处于上升期。然而，很少有皮草品牌商会告诉您，在这些光鲜柔软的皮草后面，有无数生命被残忍屠杀，痛苦死亡。

您也许并不知情，狐狸、貂、浣熊等类的野生动物及兔子、猫、狗等各种动物皮毛的获取，很多是活剥而来的。就拿兔子来说，因为死了以后再剥，皮很容易断裂，许多剥皮工人就在兔子丝毫无伤的时候，利落地剥皮。被剥皮后的兔子往往还活着，浑身淌血，它们已经没有了眼皮，无法把眼睛闭上，只能睁着眼睛，慢慢地死在难以想象的痛苦之中。

因为美丽的皮毛而被活剥取皮的动物，有嗷嗷待哺的小海豹，以及常年被圈养在狭小笼中的狐狸或貉，也有珍惜的动物老虎、鳄鱼。也可能来自曾经和人们共享生活的小狗或小猫。原始时期的人类，会以猎得的动物的毛皮制成衣服来蔽寒。在今天，皮草早已不再是人类生存的必需品，而只是一些人的服饰搭配和点缀。

我们呼吁您，让时尚远离杀戮，要美丽不要残忍。从自身做起，不穿皮草，向您的朋友传达我们的倡议，共同成为环保达人。

联合全国动物保护组织倡议：

1. 我们拒绝购买任何皮草制品，包括整衣、帽子、靠垫、装饰品，以及所有带皮草的物品，例如：在帽沿、袖口或下摆等处带有装饰性皮草的衣物。

2. 作为时尚设计师的朋友们，请避免使用真皮草进行创作，改用人造皮毛(腈纶、改性腈纶、氯纶制成的人造仿皮毛)代替皮草。

签名：

年　月　日

● 救羊

听说你昨天救了一只羊？

是啊,我从河里把它捞上来了。

真是太有爱心了！是不是很有成就感啊？

是啊,烤羊肉味道还真不错！

● 难以回答

大熊猫爱吃什么？

千万不要点我来回答。

对了！熊猫不是爱吃竹叶嘛！

大家都知道熊猫爱吃竹叶。美雅,你说说熊猫爱吃什么竹叶？

● 哭得伤心

● 大餐与小吃

第8章
环境与绿色交通

良好的环境和畅通的交通是衡量一座城市是否健康的标准。在人们日益倡导节能减排、绿色出行的今天，如何才能做到在不伤及自然环境的条件下发展人类的科技与文明，这是摆在人们面前亟需解决的难题。

发挥想象,构建绿色城市

课题目标

发挥你的想象力,为大家构建一座拥有良好环境与畅通道路的环保绿色城市。

要完成这个课题,你必须:

1. 观察所在城市附近的建筑物。
2. 调查这些建筑物对于环境与交通的影响。
3. 搜集一些发达国家绿色节能建筑的资料。
4. 发挥想象,在纸上大致画出你脑海中的构想。

课题准备

与你的好朋友一起上网了解相关知识,观看城市的环保建筑。可以和家人一起参观工厂、桥梁等设施,了解它们的运作方式。

检查进度

在学习本章内容的同时完成这个课题。为了按时完成课题,你可以参考以下步骤来实施你的构想。

1. 了解什么是生态绿色环保。
2. 了解城市中污染环境和堵塞交通的原因。
3. 分析好的环保设施的优点。
4. 大胆想象,构建你心目中的绿色城市。

总结

本章结束时,可以和你们的调查团伙伴一起向父母、老师展示你的环保成果。

绿色车辆

现在处于能源危机和环境危机的双重重压下的人类,很清楚地知道,只有通过自己的努力才能消除地球被毁灭的可能。

城市交通拥堵不但给社会和环境带来了比较大的影响,还对广大居民的身体健康造成损害。城市交通造成的污染特别厉害,而且是低空污染,对市民的身体健康危害特别大。呼吸道疾病、心血管疾病都和污染有直接的关系。所以我们要倡导绿色出行,采用智能交通的技术来缓解交通拥堵,这样对所有居住在这个城市的人来讲都会受益。比如公共自行车系统就是采用智能系统,把我们的公共自行车有效地组织起来加以使用,这称为公共慢行系统的形式。这种方式应该是最绿色、最环保的方式。

交通对环境的影响是很严重的。究竟能不能减少交通对环境的影响,减少尾气排放等因素破坏地球的现象呢? 在很多专家讨论过后,很多设想假设就出现了。

自行车被作为锻炼身体的好工具,虽然不适宜于长途旅行,但它确实不会对大自然产生副作用,这是任何汽车都比不了的。那么有没有什么办法能够让自行车有更快的速度呢?

1992 年 9 月份,在美国科多拉多沙漠的一条废弃的公路上,3 位美国青年实验了他们设计制作的"猎豹"自行车。这辆自行车的结构和传统自行车有很大的不同。首先,自行车钢架从传统的结构形式调整为半卧型,使骑自行车的人的力量得到了最佳利用并且减少了风的阻力，使空气动力效率提高了30%。"猎豹"名副其实，在那次试验中达到了110.6千米的时速。

如果可以把这种车子作为交通工具，那么人类对环境的破坏一定会减少。但是这种自行车对公路等各方面考虑的要素很多，这只能作为一种备选方案。不过，一种绿色节能环保的交通工具正在加紧研发中，我们相信取代尾气污染的汽车是很有可能会实现的。让我们等待那一天的到来吧！

延伸阅读

骑自行车的几种好处：

第一种好处：环保。尾气零排放，环保无污染。

第二种好处：不堵车。现如今堵车现象司空见惯，开汽车堵路又堵心。骑自行车就轻松多了！

第三种好处：健身。"生命在于运动"，骑行能增强身体抵抗疾病的能力。

绿色智能化公路

延伸阅读

调查你家附近的公路是什么样的。

可以到小区附近的道路或是村庄里的公路看一看，然后想一想这些公路周围的环境如何，是不是达到了绿色环保的标准，再数一数有多少种智能化的设备。综合所有的资料之后，你可以针对目前所在地方的环保状况提出建议。

如果解决了汽车的拥堵问题，是不是也会改变地球的环境呢？怀着这样的疑问，我们把视角转到美国的密歇根州的一段公路上，看一看这个世界上技术最先进的公路。

在这段智能化的绿色高速公路下面埋设了 9.2 万块磁铁。这些直径大约为 2.5 厘米的磁铁以 1.2 米的间距被埋设在每条车道的中央，它们将产生磁场，以控制在路面上行驶的车辆。

在路上行驶的车辆也经过特殊改装，在它们的前保险杠下装上了磁强计，以便于探测到磁场。在磁场的引导下，汽车能够保持在车道上正常行驶。

　　车辆以 8 辆车作为一个队形行进，车子与车子之间的间距为 3.9 米。车速达到 140 千米／时。整个车队的速度由第一辆领头车的车速来决定，这辆车用无线电把每一次刹车或者加速、减速动作的信息传给后面的车辆，车载的无线电台收到信息后，会将它传给电脑。电脑会自动指挥车辆模仿前面的一辆车的各种动作。如果领头车发现路上有障碍物，它会向后面的车辆发出改道信号。在车前防撞雷达和车内自动刹车系统的保护下，一切都显得很安全。即便是提速到 225 千米／时，车队仍然能够安全前进。

　　虽然每一辆车上都有司机，但是他们的主要职责是保证自己车子的装置处于正常的运转状态，而不是控制车辆运行。等车顶上的卫星导航系统和仪器表上的识别读写光盘指导汽车行驶到预定的出口后，司机才能重新接管对汽车的主导权。怎么样，是不是很神奇？这种智能化高速公路除了能够减少因为人的驾驶失误而造成的交通事故和缓解交通堵塞外，由于其车速稳定，还会大大减少污染，所以很多人都称这段公路为绿色的智能化高速公路！

火车的故事

一提到火车，大家都会想到在铁路上冒着白烟呜呜跑的那个火车，那个印象已经永远地留在了人们的记忆深处。在这个新时代，火车同样也对交通和环保起到了不可小视的作用。

以前的那个冒着白烟的火车头已经变成了帅气的新式火车头，而且火车的速度比一般的交通工具要快得多。1996年的7月，在日本京都与米原之间的铁路线上，一列名为"300X"的高速子弹列车创下了426.6千米/时的记录。不过，这仅是日本记录，世界最高列车时速现在在被不断刷新。

城市地铁的优点

在全球变暖的形势下，地铁是最佳的大众交通运输工具。地铁与城市中其他交通工具相比有很多优点：一是运量大；二是速度快；三是使用电能，没有尾气排放，不会污染环境；四是减少噪音；五是节省土地；六是大量民众乐于搭乘，从而节约了能源。

目前的高速列车是在现有的柴油机车、电力机车和铁路的基础上,对动力系统、行走系统、车厢外形和路轨系统等加以改进,并没有改变传统火车和铁路的基本面貌。除了在牵引机车方面的改进以外,虽然人们还在轨道方面进行了一些新的尝试,如德国、日本、美国等国家修建了一些短程单轨铁路,但由于建造费用庞大,比普通铁路复杂,不能适应长途重载铁路运输的需要,所以没有被普遍采用。由于传统牵引机车和路轨系统等方面的问题,如轮轨间的摩擦难以克服,所以进一步提高车速困难很大。若想使铁路运输有一个大的飞跃,需要在牵引机车和路轨系统等方面采用全新的设计,如目前一些国家已经建成了磁悬浮列车。

高速铁路除了投资少、准点、方便、舒适等优点外,还可以大大降低能源消耗。能源专家说,如果以高速铁路每人千米消耗的能源为 1 个计量单位计算的话,则公共汽车为 1.5,小汽车为 8.8,飞机为 9.8。铁路的好处不光消除了粉尘,没有其他的废气污染,噪音也比高速公路低了 5~18 分贝。

轮船也能环保

延伸阅读

挪威研发出一款有一个"对称翼形"的货船，它拥有巨大的船体，本身就可以用作船帆和螺旋桨。这艘"风船"依然需要发动机，但该货船航行时可有效借助风力并能节省近60%的燃料，同时可以降低80%的排放量。

轮船也能环保，这是必需的。这个时代，不能给地球带来太多的麻烦和污染，是交通工具的必备特点。让我们看看二战后的轮船有了多大的变化，难道还会像泰坦尼克号一样有着巨大的烟囱、冒着浓浓的黑烟吗？

当然不可能。一些科学家对排水型船舶和螺旋桨推进系统，包括柴油发动机的巨大噪声极端不满，期望能够利用电磁原理制造出一种推进效率高、噪声小的新型船舶。

世界上第一艘以超导磁体作为行驶动力的新型超导电磁双体推进船于1990年在日本诞生。这艘命名为"大和1号"的实验船长30米，宽18米，高8米，自重280吨，排水量185吨，航速为每小时15千米。双体船的推进系统装有电磁铁,装在该船浮筒的水筒前部。海水流入水筒,带电的电极便在水中产生电流。这些磁铁产生的磁场同这一电流相互作用,产生的电磁力把水从水筒的末端以高速水流的形式喷出。增加磁场强度的方法是用超导电磁铁,放在液氦里冷却,两台柴油发动机为这些磁铁提供电力。但目前要达到 20 万高斯(1 高斯 $=10^{-4}$ 特斯拉)的强度,必须寻求更有效的超导体。此外,须改善通电电板,使磁场屏蔽材料轻量化等一系列难题仍有待克服。

我国从 1996 年开始从事超导磁流体推进技术的研究,成功研制了世界上第一艘超导螺旋式电磁流体推进实验船,2000 年获中科院科技进步二等奖。建成了用于磁流体推进器水动力学研究的海水循环试验装置和用于试验船综合性能研究的航试水池。目前,正在进行超导电磁流体推进技术的实用化研究。

> "大和 1 号"的船身为铝合金材料制造,电磁流体推进是把电能直接转换成流体动能,以喷射推进取代传统螺旋桨推进的新技术,它具有低噪音和安全性高等特点。在特殊船舶推进应用中具有重大价值。

漫步云端

延伸阅读

在今天这个提倡环保意识的时代，飞艇是当之无愧的绿色飞行器。它的另一个非常大的用处在于旅游，建造类似空中邮轮的旅游飞艇。旅游者并不需要速度，他们只是去享受。制造一艘巨型旅游飞艇，让它带着游客在万米高空上从容飞行，享受大地风光，这比坐飞机要惬意得多。

在天空中慢悠悠地看夕阳西下、云卷云舒是很多人的梦想。其实，在天上欣赏美景也不是不可以做到，因为有一种环保的节能交通工具就可以满足人类的这个愿望。

那是什么呢？答案是飞艇。飞艇是属于浮空器的一种，是利用轻于空气的气体来提供升力的航空器。根据工作原理的不同，浮空器可分为飞艇、系留气球和热气球等，其中飞艇和系留气球是军事利用价值最高的浮空器。飞艇和系留气球的主要区别是前者比后者多了自带的动力系统，可以自由飞行。飞艇分有人和无人两类，也有拴系和未拴系之别。

飞艇获得的升力主要来自其内部充满的

比空气轻的气体。现代飞艇一般都使用安全性更好的氦气来提供升力,另外飞艇上安装的发动机也提供部分的升力。发动机提供的动力主要用在飞艇水平移动以及艇载设备的供电上,所以飞艇相对于现代喷气飞机来说节能性较好,而且对于环境的破坏也较小。

现代化的飞艇还可以吸收到新的动力。由于太阳能的收集器效率已经大大提高,所以太阳能也可以作为飞艇的新能源。英国设计的太阳能飞艇长 80 米,上面装有 2 台 100 千瓦的直流电动机和 1 台备用电动机,电力全部由太阳能电池提供。在太阳光充足时,它的飞行时速可以达到 100 千米,一天可以飞行 10 个小时。

飞艇的飞行高度、飞行速度都可以调节。飞艇的飞行成本低,噪音小,对空气没有污染,所以对飞艇进一步的开发对未来的环保事业将有巨大的帮助!

森林消失的后果

如果你来到美国，肯定会被无边的绿色所陶醉。如今的美国拥有森林3亿公顷，林地面积仅次于加拿大和巴西，居全球第三位。森林覆盖率占国土面积的33%。如今的美国年轻人对此习以为常，因为林地如今本就是美国人生活中不可缺少的一部分，只有历经沧桑的老人，才会偶尔记起1934年西部平原刮起的那场漫天狂风。

整整持续了3天3夜的大风，刮起地表大量的沃土，化作铺天盖地的黄风。美国在经过这场大风之后，全国小麦减产102亿千克。这次震动世界的灾难，被称作"黑风暴"事件。

熟悉历史的人们都知道，北美洲的森林曾经是多么辽阔，然而自从作为新大陆被航海家发现之后，从17~18世纪的移民潮开始，直到20世纪初，北美洲的森林经历了历史上最为野蛮的洗劫。在近300年的时间里，美国的原始森林被消耗掉了2/3。整整190亿立方米的林木被砍伐，一大批的珍贵树种灭绝。

保护森林的呼声越来越高，美国政府下令对数百万公顷的耕地实施"退耕还林"政策，并开展了声势浩大的全民造林运动。政府还组织起一支庞大的青年造林军，这支浩浩荡荡的造林大军在7年间造林数百万公顷，一直到第二次世界大战爆发，这支造林大军才解散。

124

对环境保护有突出贡献的人

　　个人能改变公众思考问题的方式吗？下面的这些先驱者曾对公众关于环境问题的思考产生过重大的影响。

　　1892 年，加利福尼亚作家约翰创建了马鲛鱼俱乐部。这个社团倡导在原野生生物栖息地建立国家公园。在约翰的努力下，美国约塞米蒂国家公园被建立起来了。

　　1903 年，罗斯福总统在佛罗里达州的鹈鹕岛建立了美国第一个国家野生动物保护区，以保护棕色的鹈鹕。

　　1905 年，林业科学家吉福德担任首届美国林务局主席，他的目标是科学地管理森林，以满足人们目前和未来的木材需要。

　　1949 年，自然主义者奥尔多出版了《一个沙郡的年鉴》，这本经典著作讨论了生态科学中野生动植物的保护问题。

　　1969 年，79 岁高龄的新闻记者马乔里创建了美国佛罗里达州南部大沼泽之友协会。这个基层组织致力于保存独一无二的佛罗里达生态系统。她为保护佛罗里州达南部大沼泽而忘我地工作，直到 1998 年去世。

呵呵。我不过是种了些树而已啊！

125

● 运动

● 迟到的原因

● 礼物

这是美雅给我的小礼物。

我也要个礼物去。

礼物拿到了吗？

她说只有让她当马骑的人才能得到礼物！

● 借电动车

你是班级最漂亮的女生！

美丽的大眼睛、飘逸的长发。

苹果般的肌肤……

够了！刚买的电动车让你骑就是了！

第9章
养成环保好习惯

不仅是各国要提倡环保，普通公民也要从小养成环保的好习惯。只有每一个公民懂得时刻保护环境，我们国家的环境才会有所改善，而只有每个国家的公民爱护环境，整个世界的生态环境才会渐渐恢复生机。让我们携手一起努力吧！

想一想你生活中的环保习惯

课题目标

开动你的脑筋，想一想在日常生活中有没有做过破坏环境的事情，并身体力行地实施你的环保小计划。

要完成这个课题，你必须：

1. 真实地记录你一天所做的事情。
2. 了解环保好习惯都有哪些？
3. 提出在生活中保护环境的建议。
4. 用实际行动逐步改善自己周围的环境。

课题准备

可以去书店或在网络上了解现阶段世界各国的民众应对环境恶化的方法，学习平时保护环境的细节，照着做。

检查进度

在学习本章内容的同时完成这个课题。为了按时完成课题，你可以参考以下步骤来实施你的环保计划。

1. 找出会使环境恶化的行为习惯。
2. 了解能使环境恢复的办法。
3. 把你日常生活中的点点滴滴记录下来。
4. 思考人们应如何更好地保护环境。

总结

本章结束时，可以将你对环保的建议展示给父母和老师，大家一起讨论。

节约新风尚

延伸阅读

很多小朋友吃完饭后会留下很多剩菜、剩饭,这样很不好。农民伯伯种粮食很不容易,古时就有"锄禾日当午,汗滴禾下土。谁知盘中餐,粒粒皆辛苦"的诗句,所以吃东西时要根据自己的饭量多少来盛取。

节约这件事可不能算是小事,它可关系到我们地球的能源问题!我们可以算一算,如果有一样你喜欢的东西寿命有 30 年,但是你却用了 12 年,这样子你就要少用 18 年,如果你还要再用就需要另外买一件。这样花费的不光是精力和时间,最重要的是浪费了资源。有的朋友会说我有钱,这些不算什么,我这样做还是为了促进消费呢!这句话看起来有道理,但是却说得不对。因为所有的东西都有个量度,没有永远流行的东西,人们之所以对某样东西喜爱就是因为它稀少。如果你买的东西用得时间久,肯定对你个人而言是一件值得骄傲的事情。比如说,外国的家庭很多人会说自己

家的最值钱的东西是祖父或者祖母留下的东西,这就是说在外国以节约、节俭为美德。

当你在屋内衣食无忧的时候,还有很多人在外面受冻挨饿。山区里的很多小朋友在露天场所学习,在几十千米外的学校读书,每天都要起早贪黑。可以把你节约下来的金钱和书籍或者平日里不太用的东西送给这些需要帮助和关怀的人,这就是一种节约。养成节约的习惯,对你的人生将有莫大的好处!当节约变成了习惯的时候,你对任何事物都不再是利己而已,而是觉得省的是大家的,产生了利人思想。请记住,地球的资源不是无穷的,用一点就会少一点。节约使用能够增加使用的时间!

光盘行动

所谓光盘行动,实际上就是一种公益活动。公益组织的志愿者倡议市民在饭店就餐后将剩饭打包,"光盘"离开,形成人人节约粮食的好风气。据活动组织者介绍,未来他们将继续在不同城市开展这个公益活动。这些活动显然是在试图提醒与告诫我们:饥饿感距离我们并不遥远,即便时至今日,爱惜粮食仍是需要被奉行的美德之一。

低碳达人

"低碳达人"就是指生活作息时所耗用的能量要尽力减少,减少二氧化碳的排放量,从而减少对大气的污染,减缓生态恶化。

那么如何才能做到像低碳达人那样呢?

对青少年朋友们来说,可以看看以下几个方法:

1.减少粮食浪费

"谁知盘中餐,粒粒皆辛苦",可是现在浪费粮食的现象却比较严重。如果全国平均每人每年减少粮食浪费 0.5 千克,每年可节能约 24.1 万吨标准煤,减排二氧化碳 61.2 万吨。

2. 少买不必要的衣服

服装在生产、加工和运输的过程中,要消耗大量的能源,同时会产生废气、废水等污染物。在保证生活需要的前提下,每人每年少买一件不必要的衣服可节能约 2.5 千克标准煤,相应减排二氧化碳 6.4 千克。如果全国每年有 2500 万人做到了这一点,就可以节能约 6.25 万吨标准煤,减排二氧化碳 16 万吨。

3. 在家随手关灯

养成在家随手关灯的好习惯,每户每年可节电约 4.9 度(1 千瓦小时称为 1 度),相应减排二氧化碳 4.7 千克。如果全国每年有 3.9 亿户家庭都能做到,那么每年可节电约 19.11 亿度,减排二氧化碳 183.3 万吨。

4. 空调温度

把空调的温度设定为在夏天 26℃左右,在冬天的温度为 18~20℃,不仅对人体健康有利,还可以节约能源。

5. 出门提前几分钟关空调

空调房间的温度并不会因为空调关闭而马上升高,出门前 3 分钟关空调,按每台每年可节电约 5 度的保守估计,相应减排二氧化碳 4.8 千克。如果对全国 1.5 亿台空调都采取这一措施,那么每年可节电约 7.5 亿度,减排二氧化碳 72 万吨。

6. 节能冰箱的使用

大家都知道,带有氟利昂的冰箱对大气的破坏很大,我们要购买那种不含有氟利昂的绿色环保冰箱。在丢弃废旧冰箱的时候,可以打电话请厂商来协助清理氟利昂。选择"能效标识"的冰箱、空调和洗衣机,能效高,省电的同时也省了金钱。

7. 选择公共交通工具

现在的混合型公交车在城市内行驶既提高了速度,也没有多余的尾气排放,可谓是一举多得。出行时,尽量乘坐公共交通工具。

怎么样,这些你应该能做到吧?同时也要邀请朋友们一起来做啊。为了保护我们共同的地球家园,大家一起做低碳达人吧!

少用贺卡

节假日的时候，人们为了送出彼此的祝福，总会送给他人贺卡。用贺卡互相祝福本无可非议，但是带来的不利后果我们可能却不太了解。一张张的贺卡从制作到完成以及最后的废弃，这其中消耗的资源和排放的污染物，包括投入的人力和物力都是无比惊人的。

减少贺卡使用既能救活森林，又可以让大

家认识到保护森林应从身边的点滴做起,改变传统的观念,适应未来的绿色发展,提倡可持续发展的生活方式,友好地对待我们赖以生存的环境。有很多很有创意的朋友已经开始行动了:他们的贺卡有的是用一些家里的废弃物制作成的,有的使用电子画图,在上面画上自己喜欢的画,然后传送给自己的朋友。现在,传统纸质的贺卡已经渐渐地淡出了我们的视线,人们的环保意识走向了一个新台阶!

乱砍滥伐的代价

砍伐森林会使水土流失、洪水泛滥、野生动物灭绝,最终的受害者还是我们人类自己。这样搬起石头砸自己脚的事情还是不做为好。社会在高速地发展,有很多的可替代产品已出现,为什么不尝试一下呢?打电话、发短信、发电子邮件都可以达到同样的效果。

戒烟对大气的好处

延伸阅读
　　吸烟不仅对环境有影响,也危害人类的健康,我们来看看我国的港台地区是如何监督人们戒烟的:香港规定,任何人不得在公共场所吸烟,否则最高可被处以 5000 港元的罚款。台湾还发起民间力量加入劝诫行列。民众只要拍到烟民在公共场所吸烟,将吸烟的照片提交到相关部门,即可获得 1 万元台币以上的现金奖励。

　　我国是一个吸烟大国,可以说 10 个人中必然有两三个以上的人都有过吸烟史,只不过他们吸烟的多少有些分别。为什么说吸烟对人体有害? 最重要的是它破坏了环境。不吸烟的人没有几个会喜欢和吸烟的人在一起,因为那样的话会影响到自己的身体健康。据有关记录,我国的烟民如果每天都能少抽 1 支烟,那么每年可以减少排放二氧化碳达到 13 万吨,而且这只是个保守数字。

　　戒烟势在必行。看看下面这些数据你会明白更多的知识。

制造卷烟对环境的影响

造纸业是高污染、高耗能的产业,每生产 10 万吨卷烟纸会产生 642.4 万吨的污水,排放 COD(主要污染物化学需氧量)0.3 万吨,耗水 1000 万吨,综合耗能达 15 万吨标准煤。

卷烟燃烧对空气的影响

吸烟所散发的烟雾,可分为"主流烟雾"(吸烟者吸入口内的烟)和"支流烟雾"(烟草点燃时外冒的烟)。吸一根香烟要散出 2000 毫升的烟雾,其中支流烟雾所含烟草燃烧成分比主流烟雾更多。支流烟雾一氧化碳的含量是主流烟雾的 5 倍,焦油和烟碱是 3 倍,苯丙芘是 4 倍,氨是 46 倍,亚硝胺是 50 倍。

吸烟等于谋害他人健康的观念已深入人心。 吸烟导致严重的室内空气污染,暴露于香烟烟雾环境会使人体健康受到严重危害,提倡在公共场所实行无烟具有十分重要的意义。人们早已达成共识,呼吸清新无烟空气是自己的一种权利,也是保障健康的正当需求。

吸烟对空气和人体有很大的危害,如果你的朋友或者亲人还在吸烟,就要尽量劝他们少抽烟或者戒烟。

循环利用

有一个广告曾说过：人的衣服脏了可以用水洗，汽车脏了也可以用水洗。那么水脏了，用什么洗？水这种能源是有限的，而且水如果脏了，真的就没办法了。因为水是一种不可以替代的资源，它是关系到人的生活稳定的基础。我国属于世界缺水大国，水资源的人均拥有量少，远低于巴西、美国、俄罗斯等大国，人均可以利用水资源仅约为 900 立方米，不足世界平均水平的 1/3。

一水多用是生活中比较有效的节约方法。在我们的生活中，洗脸的水可以洗脚，然后冲厕所。淘米的水可以洗水果、洗蔬菜，洗菜后这些水可以浇花和浇菜。洗过衣服的水可以洗车或者洗拖把，洗澡水也可以收集起来洗厕所。如果大家都这样去做的话，按照 1 亿个家庭来计算，每一年可以节约水约 12 亿吨，减少 12 亿立方米的污水排放。

在日常生活中，一次性杯子看起来使用方便，但是对环境造成的污染和破坏也很厉害。我们要随身携带水杯，这样子可以反复利用，节约资源。不光是一次性杯子，办公用的一次性签字笔，虽然看起来使用很方便，但是这种笔里面含有挥发性物质和一些污

染物,光是塑料降解就需要 200 年,这对土壤的影响很大,所以改变用笔习惯,多用可以循环利用的钢笔对改变环境能起到很重要的作用。

在中国的宾馆中,会经常见到一种东西,那就是一次性六件套用品,包括牙膏、牙刷、洗发液、梳子、浴液、拖鞋。这些东西的浪费程度简直可以用"惊人"二字来形容:一次性的香皂很多旅客只用了 1/4,剩下的就扔到垃圾箱,第二天会换成新的。其余的东西也和肥皂一样,大部分被扔到了垃圾箱中。500 家宾馆每一年丢弃这些六件套多达 2000 吨。另外,处理这些垃圾国家还要投资相当大的人力和物力资源。

外国宾馆的日常用品

在发达国家,比如韩国,很多宾馆是不允许有一次性用品存在的。客人只能自己准备牙膏、牙刷。这样子对于环境起到了相当大的保护作用!

知识小复习

看了本章的知识,大家应该对"什么是低碳环保,如何做到减少人类对环境的危害,哪些事是对环境保护有害的事情,怎样养成环保好习惯"有了一定的理解,是否也想亲身参与到环境保护的队伍当中呢? 其实最重要的是,在日常生活中也保持着良好的环保意识,身体力行地为保护生态环境做出自己的一份努力。

节约资源,这些你做到了吗?

我们来做一个综合测试吧,看看你是否在日常生活中也注意节约。在下列选项中给你做过的事情画上对号,没有做到的今后要努力做到!

☐ 使用布袋。

☐ 尽量乘坐公共汽车。

☐ 不过分追求穿着的时尚。

☐ 不进入自然保护核心区。

☐ 尽量步行,骑单车。

☐ 不使用非降解塑料餐盒。

☐ 不燃放烟花爆竹。

☐ 双面使用纸张。

☐ 节约粮食。

☐ 随手关闭水龙头。

☐ 随手关灯,节约用电。

☐ 拒绝使用一次性筷子。

☐ 多用肥皂,少用洗涤剂。

☐ 不吃青蛙,保蛙护农。

140

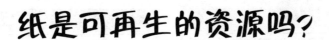

纸是可再生的资源吗？

在本次的实验中,我们将探究纸是如何被循环利用的。

本次小实验的问题是:纸是否为可再生资源? 所需要培养的技能是观察与设计实验。所需要的材料为:报纸、显微镜、水、打蛋机、方形盆、筛子、塑料薄膜、碗、一本比较重的书。

步骤:

1.将准备好的一张报纸撕碎成邮票一般的大小,放在搅拌用的碗中,加足够的水让报纸碎片浸泡。用盖子盖好碗,让报纸碎片与水混合并保持这种状态一整夜。

2.第二天后再加些水,然后用打蛋机搅打这些碎片直到它呈现出糊状,这种黏稠的液体就叫作纸浆。

3.把筛子放在方形盆的底部,把纸浆倒在筛子上,在方形盆中均匀地铺开。然后,将筛子架在方形盆上,让大部分的水滴入方形盆里。

4.把筛子和上面的纸浆放在几层厚厚的报纸上,以便吸走其余的水分。在纸浆的上面放一层塑料薄膜。在塑料薄膜上再放一本厚重的书,以便将纸浆中的水挤出。

5.半小时后,把书拿开,小心地掀开筛子、塑料薄膜和纸浆,让纸浆在报纸上晾1~2天。必要的话,可更换报纸。

6.当纸浆干燥时,仔细观察,并记录你的观察结果。

分析和结论:

1.观察被造出的纸的形态与构造,想想它们是怎么来的。

2.根据你实验累积的经验,想想一张纸可以被循环利用几次。

3.应将纸列为可再生资源还是不可再生资源? 说明原因吧!

● 说话受罚

● 拒绝使用

●无休无止

●收旧书